中国高校艺术专业技能与实践系列教材
国家产品艺术设计高水平专业群系列教材

产品形态设计

CHANPIN XINGTAI SHEJI

桂元龙 ◆ 总主编
杨淳　桂元龙　严思遥 ◆ 主　编
刘诗锋　张浩就 ◆ 副主编

人民美術出版社
北京

图书在版编目（CIP）数据

产品形态设计 / 桂元龙总主编 ; 杨淳, 桂元龙, 严思遥主编 ; 刘诗锋, 张浩就副主编. -- 北京 : 人民美术出版社, 2024.4
中国高校艺术专业技能与实践系列教材　国家产品艺术设计高水平专业群系列教材
ISBN 978-7-102-09249-2

Ⅰ. ①产… Ⅱ. ①桂… ②杨… ③严… ④刘… ⑤张… Ⅲ. ①产品设计－造型设计－高等学校－教材 Ⅳ. ①TB472

中国国家版本馆CIP数据核字(2023)第207512号

中国高校艺术专业技能与实践系列教材
ZHONGGUO GAOXIAO YISHU ZHUANYE JINENG YU SHIJIAN XILIE JIAOCAI

国家产品艺术设计高水平专业群系列教材
GUOJIA CHANPIN YISHU SHEJI GAO SHUIPING ZHUANYE QUN XILIE JIAOCAI

产品形态设计
CHANPIN XINGTAI SHEJI

编辑出版　人民美術出版社
（北京市朝阳区东三环南路甲3号　邮编：100022）
http://www.renmei.com.cn
发行部：（010）67517799
网购部：（010）67517743

总 主 编　桂元龙
主　　编　杨淳　桂元龙　严思遥
副 主 编　刘诗锋　张浩就
责任编辑　鲍明源
责任校对　李　杨
责任印制　胡雨竹
制　　版　朝花制版中心
印　　刷　天津裕同印刷有限公司
经　　销　全国新华书店

开　本：889mm×1194mm　1/16
印　张：13
字　数：260千
版　次：2024年4月　第1版
印　次：2024年4月　第1次印刷
印　数：0001—3000册
ISBN　978-7-102-09249-2
定　价：75.00元
如有印装质量问题影响阅读，请与我社联系调换。（010）67517850

序言
FOREWORD

喜闻桂元龙教授主编“国家产品艺术设计高水平专业群系列教材”即将付梓，欣喜之。

常记得著名美学家朱光潜先生的座右铭：“此身、此时、此地。”朱老先生对这句话的解读，朴素且实在：凡是此身应该做且能够做的事情，绝不推诿给别人；凡是此刻做且能做的事情，便不推延到将来；凡是此地应该做且能够做的事，不要等未来某一个更好的环境再去做。在当代高职教育人的身上，我亦深深感受到了这样的勤勉与担当。作为与中华人民共和国一同成长起来的新时代职教人，于教材创新这件事，他们觉得能做、应该做、应该现在做。于是，我们迎来了桂元龙教授主编的“国家产品艺术设计高水平专业群系列教材”。

情怀和梦想之所以充满诗意，往往因为它们总是时代的一个个注脚，不经意就照亮了人间前程。中华人民共和国的高职教育，历经改革开放 40 多年的发展，在新时代的伊始，亦明晰了属于自己的诗和远方。“双高”计划的出台，其意义不仅仅是点明了现代高职教育高质量发展的道路，更是几代人“大国工匠”的梦想一点点地照进现实的写照。

时光迈入新世纪第二个十年，《国家职业教育改革实施方案》《关于实施中国特色高水平高职学校和专业建设计划的意见》等政策文件的发布，吹响了中国现代职业教育再攀高峰的号角。广东轻工职业技术学院作为粤港澳大湾区内历史最悠久、专业（群）门类最齐全、全面服务产业转型升级的国家示范性高职院校，亦在 2019 年成功申报为国家“双高”职校，艺术设计学院产品艺术设计专业群成功申报为国家“双高”专业群，更是可喜可贺！“国家产品艺术设计高水平专业群系列教材”诞生在这样的背景下，于我看来，这是对我们近 40 年中国特色高等职业教育最好的献礼。

教材是教学之本，教育活动中，各专业领域的知识与技术成果最终都将反映在教材上，并以此作为媒介向学生传播。由此观之，作为国家“三教改革”重点领域之一的教材，其重要性不言而喻。依据什么原则筛选放入教材内容、应该把什么样的内容放入教材、在教材中如何组织内容，这是现代高等职业教育教材编制的经典三问。而“国家产品艺术设计高水平专业群系列教材”则用“项目化”“模块化”“立体化”三个词，完美回答了这一系列灵魂拷问。在高质量发展成为当代高等职业教育生命线的当下，“引领改革、支撑发展、中国标准、世界一流”成为广东轻工艺术设计高职教育者的新追求。以桂元龙教授为总主编的编写团队秉持这一理念和追求，率先编写和使用这样一套高水平教材，作为他们对现代高等职业教育的思考和实践，无疑是走在了中国特色高等艺术设计职业教育的最前沿。

这种思考和实践，无论此身、此时、此地，于这个时代而言，都恰到好处！

是为序。

中国工业设计协会秘书长
浙江大学教授、博士生导师
应放天
2022 年 7 月 20 日于生态设计小镇

前 言
PREFACE

党的二十大报告强调，教育、科技、人才是全面建设社会主义现代化国家的基础性、战略性支撑。这为我们职业教育的人才培养和教育教学改革提供了价值遵循，指明了努力方向。创新创业教育要以实体经济振兴为重点，应以增进民生福祉，提高人民生活品质为价值追求。

依照国家职业教育专业教学标准，产品艺术设计专业面向工业设计服务等行业的产品设计、专业化设计服务职业，目的是培养能够从事产品创意设计、产品造型设计、文创设计等设计服务工作的高素质技术技能人才。产品形态设计是产品造型设计工作的核心内容，产品形态设计能力是工业设计师创新能力和职业能力的综合体现。《产品形态设计》作为培养该项专业核心能力的专用教材，共收录当下生活和设计教学中的500多幅成功设计案例的彩色图片，旨在从产品形态设计的角度，聚焦于产品造型设计过程，全面讲解影响产品形态设计的主客观因素，系统分析这些因素与产品形态的关系，结合不同类型的真实案例具体解析这些因素在产品形态设计中的作用方式，并归纳出产品形态设计的基本原则与方法。旨在培养学生的产品造型设计能力，创造更多高品质的好产品来满足人民对美好生活的向往。

本教材采用最新的融媒体教材和活页式教材的做法，通过扫二维码，将微课视频、音频、动画以及报告书等多种资源与纸质教材相连通；遵循项目制课程教学的特点，通过“生活用品、穿戴式设备、文创产品”三个项目范例，满足不同教学情况的灵活选用，体现功能活页特征。

本教材由“双师型”教师杨淳牵头，广东省“双师型”教师桂元龙教授和严思遥老师主要参与，校企协同编著。主讲教师杨淳是国内首批认定的高级工业设计师，有20多年的工业设计教学经历，实践与教学经验丰富，负责编写本书第二、三章的内容；桂元龙教授有近30年的产品设计实践和产品设计教学经验，获得“广东省教学名师”“中国工业设计十佳教育工作者”“广东十大工业设计师”等荣誉称号，负责编写本书第一章的内容；严思遥负责编写本书第一、三章的内容。广东东方麦田工业设计股份有限公司刘诗锋董事长和广州知了文化创意有限公司的张浩就总经理作为副主编亲自参与内容编写，并将真实项目作为范例剖析无私分享。书中不仅融入了广东轻工职业技术学院国家“双高计划”产品艺术设计专业群“工学商一体化”项目制课程教学作品和兄弟院校的教改成果，还汇聚了当下国内外知名企业和设计师的大量鲜活案例，时代性和实操性较强。

本教材中的绝大部分资源经版权方授权使用，他们以实际行动对职业教育的关心与支持，成为激励我们努力前行的动力。对于书中的部分资源，我们由于诸多因素没能一一联系到原作者，如涉及版权问题，恳请相关权利人及时与作者联系。

最后，再次对为本教材的出版提供指导和帮助的朋友们致以诚挚的感谢！

编者

2023年4月6日于广州

课程计划

CURRICULAR PLAN

章 名	节 次	课时分配	
第一章 产品形态设计的 理论与概念	第一节　形态认知的一般规律	1	10
	第二节　产品形态观的演变及当代产品形态的基本特征	1	
	第三节　产品形态语意传达	3	
	第四节　产品形态设计的基本原则	2	
	第五节　产品形态设计的基本方法	3	
第二章 设计与实训	第一节　项目范例一：生活用品形态设计	64	64（选一个项目实施）
	第二节　项目范例二：穿戴式设备形态设计	64	
	第三节　项目范例三：文创产品形态设计	64	
第三章 欣赏与分析	第一节　简约风	1	6
	第二节　复古风	1	
	第三节　工业风	1	
	第四节　国潮风	1	
	第五节　科技感	1	
	第六节　仿生	1	

目 录
CONTENTS

第一章　产品形态设计的理论与概念

第一节　形态认知的一般规律

第二节　产品形态观的演变及当代产品形态的基本特征

第三节　产品形态语意传达

第四节　产品形态设计的基本原则

第五节　产品形态设计的基本方法

第一章　产品形态设计的理论与概念

本章概述

本章主要介绍形态认知的一般规律、产品形态观的演变及当代产品形态的基本特征、产品形态语意传达的概念和方法、产品形态设计的基本原则和方法。第一节中，我们将学习形态认知的一般规律，了解形态认知的生理和心理基础，以及产品形态认知的特点。第二节中，我们将探讨产品形态观在不同时代的演变过程，了解当代产品形态的基本特征。第三节中，我们将深入了解产品形态语意传达的概念和方法，学习产品指示性语意和象征性语意的传达。第四节中，我们将学习产品形态设计的基本原则，掌握常规的美学法则。第五节中，我们将学习产品形态设计的常规步骤与方法，以及产品造型处理的常用方法。

学习目标

了解形态认知的一般规律。

了解产品形态观的演变及当代产品形态的基本特征。

了解产品形态语意传达的概念，掌握产品形态语意传达的方法。

掌握产品形态设计的基本原则。

掌握产品形态设计的基本方法，能够初步思考如何将方法应用到实际设计项目中。

第一节　形态认知的一般规律

在《现代汉语词典（第7版）》中形态的含义包括“事物的形状或表现”“生物体外部的形状”和“词的内部变化形式”。“形”与“态”密不可分，“形”是指物体在一定视觉角度、时间、环境条件中体现出的轮廓尺度和外貌特征，是物体客观、具体和理性、静态的物质存在。“态”是物体不同层次、角度的“形”的总和，指物体存在的现实状态，是对物体整体、动态的感知和主观意识的把握，具有较强的时间感和非稳定性，并富有个性、生命力和精神意义。“形态”综合起来就是指物体外形与神态的结合。

在我们的周围充满了各种各样的事物，每个事物各具形态，因而形态可以说是千姿百态、包罗万象。在千变万化的形态中，我们将形态分为两大类：自然形态和人造形态。

自然形态由非生物形态和生物形态组成。非生物形态一般指无生命的形态。如变幻的云层、绵延的沙漠、雄伟的山川（图1-1至图1-3）等。有时非生物形态也被称为无机形态。生物形态一般指具有生命力的形态，如各种植物形态或动物形态，如苍劲的树枝（图1-4）、色彩斑斓的鹦鹉（图1-5）等，这类形态也被称为有机形态。

人造形态是人类用一定的材料创造出来的各种

图 1-1　变幻的云层

图 1-2　雄伟的山川

图 1-3　绵延的沙漠

图 1-4　苍劲的树枝

图 1-5　色彩斑斓的鹦鹉

形态，如各种家用电器、交通工具、建筑、家具、机器设备、艺术作品等（图 1-6）。

自然形态与人造形态的根本差别在于它们的形成方式。一般来说，自然形态的形成与发展除了自然力的作用，主要靠自身的变化规律，如从一颗种子成长为一棵大树，其形态变化主要靠一套维系自

图 1-6　建筑、机械、家电、花瓶等人造形态

身生命的机能系统来形成。而人造形态则是在一定的前提条件下按照人的主观意志构成的。创造人造形态是人们生活的需要，它不仅满足和丰富了现代人们对物质生活的要求，还起到了美化生活环境、丰富人们的内心情感、陶冶人的性情、提高人们的精神生活品质的重要作用。

一、形态认知的生理与心理基础

人在观察事物的过程中，外界的各种因素刺激人的感觉器官，产生心理上的感应，包括某种感情的流露。不同的因素会产生不同的刺激，继而影响人的心理感应，这是外因的作用；不同的人群特征（性别、年龄、经验、文化背景等）会对相同的因素产生不同的刺激和心理感应，这是内因的作用。所以，对形态的心理感应是复杂的，但人类对特定事物的形式与类别具有一定的认知印象，有时这种对某种事物的固定认知印象会深藏不露，不为人知，但只要有相关的刺激就会显露出来。这种刺激与认知的对应是有规律的，是可以揭示的。

（一）感觉

感觉是客观事物的个别特性在人脑中引起的

直接反映。感觉在人类的生活中具有非常重要的作用。首先，感觉是人们认识世界的开端。通过感觉，人们既能认识外界事物的颜色、形状、气味、软硬等属性，也能认识自己机体的状态，如饥、渴等，从而有效地进行自我调节。借助于感觉获得的信息，人们可以进行更复杂的知觉、记忆、思维等活动，从而更好地反映客观世界。其次，感觉是维持正常心理活动的重要保障。

从形态认知的角度来说，感觉是形态认知的基础。感觉中的感觉适应（指感觉器官不断接受相同的刺激会产生感觉惰性和迟钝）、感觉对比（同一感觉器官接受不同的刺激而造成感觉差异的突出、夸大）以及感觉补偿（不同器官感觉能力的相互弥补）等现象对形态创作和形态设计及其完善处理等都有着重要影响。

（二）知觉

知觉是反映客观事物的整体形象和表面联系的心理过程。知觉是在感觉的基础上形成的，比感觉复杂、完整。我们感觉到的事物的个别属性越多、越丰富，对事物的知觉也就越准确、越完整，但知觉并不是感觉的简单相加，因为在知觉过程中还有人的主观经验在起作用，人们要借助已有的经验去解释所获得的当前事物的感觉信息，从而对当前事物做出识别。

知觉的整体性（将知觉对象按照一定的规律形成一个具有某种特征的整体）、选择性（对知觉对象的主体与背景的选择与判断）（图 1-7）、理解性（经验与联想对知觉对象的作用）、恒常性（对知觉对象的本质认识与把握，不受环境和条件的影响）等特征是形态设计的重要依据。知觉可以分为空间知觉、时间知觉和运动知觉。空间知觉包括形状知觉（具有相当稳定的恒常性）、大小知觉（主要依赖视觉判断，同时容易受知觉条件、知觉对象环境、状态的影响）、距离知觉（主要依赖听觉和视觉作用）、立体知觉（视觉作用为主）和方位知觉（是多种感官的综合作用）等，是形态认知、识别的基础。

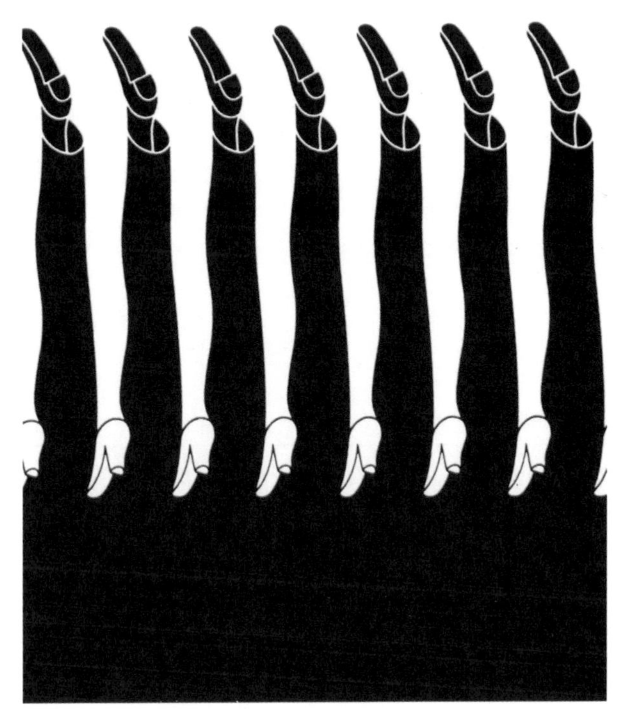

图 1-7　图底转换

（三）错觉

错觉是在一定的环境条件下，人脑感知客观事物的一种特殊的生理、心理现象。错觉有运动错觉、时间错觉、方向错觉、视错觉等多种类型。形态的错觉主要与视错觉相关，反映在形态认知上主要包括对形态的大小、长短、轻重、前后层次产生的错觉，以及对形态的平行、垂直、扭曲产生的错觉等。错觉是艺术家和设计师在特定状态下达到理想效果的有效手段（图 1-8、图 1-9）。

二、对自然形态的认知

对自然形态的认知不仅依赖于人的视觉、触觉和其他感官的功能作用，也依赖于从生理到心理的感觉和知觉经验，我们还应该从自然形态本身的常态和非常态、认知过程的客观性与主观性等，多

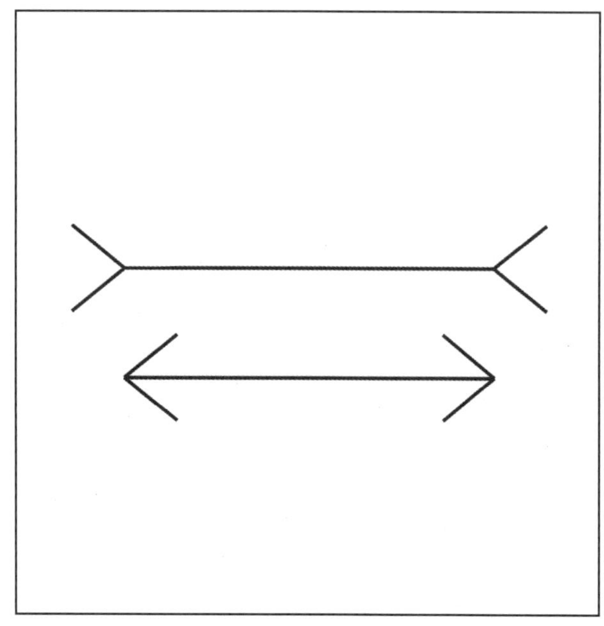

图 1-8　长度错觉

图 1-9　平行错觉

层面、多角度地对自然形态展开观察与认识。这样才能更好、更全面地认知自然形态，才能发现并概括、提炼更多、更有设计价值的新的形态特征。这是形态设计的基础和重要方法。

（一）对自然形态的认知要从常态和非常态两个方面进行

人类在与自然共处的历史中积累了许多对自然形态的认知经验，并对自然形态的常态形成了一些习惯的印象与判断。这些对自然形态的认知经验会因人类生存环境、文化传统和个人知识、爱好的差异而不同，对于自然形态的认知包括对自然规律和现象的认知，如绿叶红花、北雁南飞、螳螂捕蝉等，也包括对自然形态的概念和特定形态的对应关系的认知。例如，“山”“鸟”“鱼”等概念是和一系列的具体的、现实的形态相关联的，但这种关联不是唯一的，往往由于经验和情感等因素产生差异；也有一些自然形态的概念和名称是直接对生物具象形态的描述，从而产生特定的形态联想，如“喇叭花”“袋鼠”等（图 1-10、图 1-11）。

图 1-10　喇叭花

图 1-11　袋鼠

从非常态的角度，首先要从不同视角对自然形态进行认知。通常，对某些自然形态往往是从一定的或习惯的视角认知形成的。如果换成俯视、仰视、解构、剖视等的角度就会发现新的视觉形态效果（图 1-12 至图 1-14）。其次要从微观的角度进行认知，这样才不会忽略一些微观的、局部的独特形态和美感特征，如花粉、雪花在显微镜下的组织和结构（图 1-15、图 1-16）。最后对于自然形态的认知还应该是动态变化的认知。例如，生物的生长、演化和行为、习性是变化的，会形成不同的形态与概念。但这些形态与概念在人们的认知过程中往往被阶段性地分割独立或截取，形成不同局部或片段。因此，认知应该是动态变化的认知，如对从鸡蛋、雏鸡到成鸡，从毛虫到蝴蝶，从种子、幼芽到植株，花朵从含苞、盛开到枯萎等的动态认知。

图 1-12　不同视角的水母形态

图 1-13　汽车透视图

图 1-14　不同视角的蒲公英形态

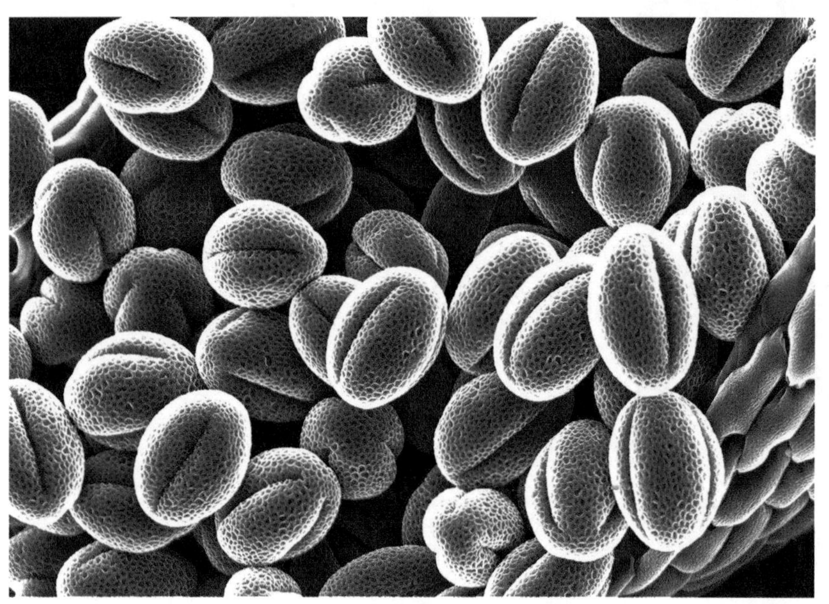

图 1-15　显微镜下的花粉形态
作者：王萌　单位：中国科学技术大学

图 1-16　显微镜下的雪花形态
摄影 ：王燕平、张超

（二）认知的过程还要考虑客观性与主观性

自然形态是自然界的客观、真实的存在。在长期的生存演变过程中，每种形态的形成都有自己独特的过程。我们对自然形态的认知要尽可能消除主观因素的影响，理性、客观地分析，以全面地了解自然形态。

对自然形态的认知也有许多方面受主观影响。例如，对自然形态的美感认知。对美的追求与认同是人类精神需求的重要内容，有些自然形态的结构与形式符合人类的审美习惯，就容易引起审美情感上的共鸣，如自然生物中普遍存在的对称和均衡、节奏与韵律等形式美感因素和形态。又如，对自然形态的意象认知。生物的形态与概念不仅是自然生物种类和属性的反映，也被人类赋予丰富的主观象征意义，如藤与树分别具有女性和男性的意象，天鹅象征着纯洁与美丽，蜜蜂是勤劳与团结的代名词。

三、对人造形态的认知

当今人类生活在一个被人造物所包围的世界中，衣食住行概莫能外，对人造物的依赖程度达到空前的地步。人造物对于人来说，带有强烈的功能目的性，不管是在设计制作的过程还是在使用消费的阶段，都离不开功能目的因素的影响，有用和美是人造形态的出发点和最终的目的。人造形态作为形态的一种，其认知也符合形态认知的一般规律，只是相对于自然形态而言，人造形态更多的是一种主观的行为，对它的认知更侧重于功能目的的关联性和更易受文化因素的影响。对功能型产品形态的认知，功效与作用的认同显得更为关键。例如，一个底部穿孔的破碗，不能成为古董的话，就只能变为垃圾。对一件立体雕塑形态的认知，精神的愉悦和智慧的启迪是其境界的体现，这种认同要以文化为背景。虽然同样为了表现女性美这一主题，但是在米洛斯岛的维纳斯和体现生殖崇拜的威伦道夫的维纳斯雕像（图 1-17）之间，所体现出来的这种形态上的巨大差异，正是不同的文化价值作用下的直

图 1-17　米洛斯岛的维纳斯（左图）和威伦道夫的维纳斯（右图）形态的差异

接结果。

中国的园林和西方的园林在形态上也有很大差异（图 1-18），中国园林是有机的、自然的。常采取“园中有园”“小中见大”的布局手法，与自然水乳交融。而西方园林是几何学的、人工的，如框中之画。

又如，各种设计思潮和风格流派对人造物形态所带来的影响，这种影响是直接而强烈的，如现代主义、流线型风格、后现代主义等。

现代主义设计的基础是功能主义，主张形式追随功能（Form Follow Function）。1919 年成立的包豪斯（Bauhaus）奠定了现代主义设计的理论基础。它主张以理性主义为出发点，以人类认识自然与改造自然为前提，强调一种以客观的物性规律来决定和左右人的主观的人性规律。在具体设计上重视功能，造型简洁，反对多余装饰，奉行“少即是多”的创作原则，如图 1-19 所示的红－蓝椅、图 1-20 所示的茶壶、图 1-21 所示的台灯都是这个时期的代表作。

图 1-18　中国园林和西方园林的不同形态特征
（上图：苏州拙政园，下图：巴黎凡尔赛宫）

图 1-19　红 - 蓝椅　吉瑞特·托马斯·里特维尔德（Gerrit Thomas Rietveld）　荷兰

图 1-20　茶壶　玛里安·布朗特 (Marianne Brandt)　德国

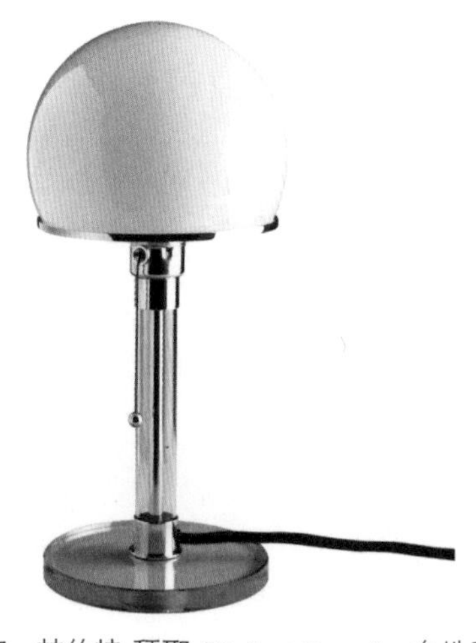

图 1-21　台灯　赫伯特·拜耶 (Herbert Bayer)　奥地利

现代主义设计是人类设计史上最重要的、最具影响力的设计活动之一，它兴起于20世纪20年代的欧洲，经过几十年的迅猛发展传播，其风潮几乎波及全球。最具典型特征的是荷兰“风格派”和俄国构成主义。荷兰“风格派”提倡严格理性的审美观，设计多用黑、白、灰等中性色，平面和立体的造型都严格遵循几何形式，并且把几何形式与新兴的机器生产联系起来，追求那种来自机械的严谨与精确。俄国构成主义的艺术家们叹服于工业文明的巨大成就，着迷于机械的严谨结构方式，努力寻求与工业化时代相适应的艺术语言和设计语言。从荷兰“风格派”和俄国构成主义设计中我们能看到，技术和艺术达到最佳的结合，同时，正因为这种最佳结合，现代主义设计又被称为国际主义设计，成为20世纪上半叶最稳定、最具影响力的设计风格。

“流线型”是一种独特的风格，它主要源于科学研究和工业生产，而不是美学理论。流线型原是空气动力学名词，用来描述表面圆滑、线条流畅的物体形状，这种形状能减少物体在高速运动时的风阻。但在工业设计中，它却成了一种象征速度和时代精神的造型语言而广为流传，不但发展成了一种时尚的汽车美学，还渗入家用产品的领域中，影响了笔刨、小汽车、火车等的外观设计（图1-22至图1-24），并成为20世纪30—40年代最流行的产品风格。流线型实质上是一种外在的“样式设计”，它的流行反映了两次世界大战期间美国人对工业设计的态度，即把产品的外观造型作为促进销售的重要手段，为了达到这个目标，就必须寻找一种迎合大众趣味的风格，流线型便应运而生，它给现代主义以巨大的冲击，而大萧条时期激烈的商业竞争环境，客观上又把流线型风格推向高潮，它的

图1-22　笔刨　雷蒙德·罗维（Raymond Loewy）法国

图1-23　帕卡德（Packard Hawk）汽车　邓肯·麦克雷（Duncan Macrae）　美国

图 1-24 墨丘利号列车 亨利·德莱福斯（Henry Dreyfuss） 美国

魅力在于它是一种走向未来的标志，这给 20 世纪 30 年代大萧条中的人们带来了一种希望和解脱。

“后现代主义”设计指的是在现代主义设计上大量利用历史装饰动机进行折中主义式的装饰的一种设计风格。后现代主义设计是对现代主义设计的挑战，是对现代主义、国际主义设计的一种装饰性的发展，反对设计中的国际主义、极少主义风格，主张以装饰手法达到视觉上的审美愉悦，注重消费者心理的满足。在设计上大量运用各种历史装饰符号，但又不是简单的复古，采取的是折中的手法，把传统的文化脉络与现代设计结合起来，开创了装饰艺术的新阶段（图 1-25 至图 1-28）。

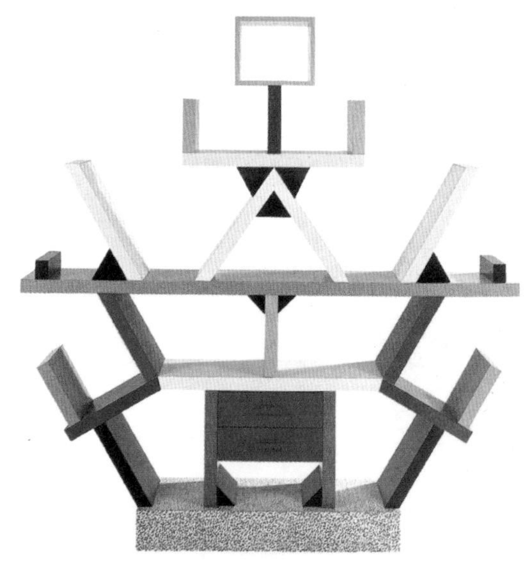

图 1-25 卡尔顿书架 艾托·索特萨斯（Ettore Sottsass） 意大利

图 1-26 普鲁斯特扶手椅 亚历山德罗·门迪尼（Alessandro Mendini） 意大利

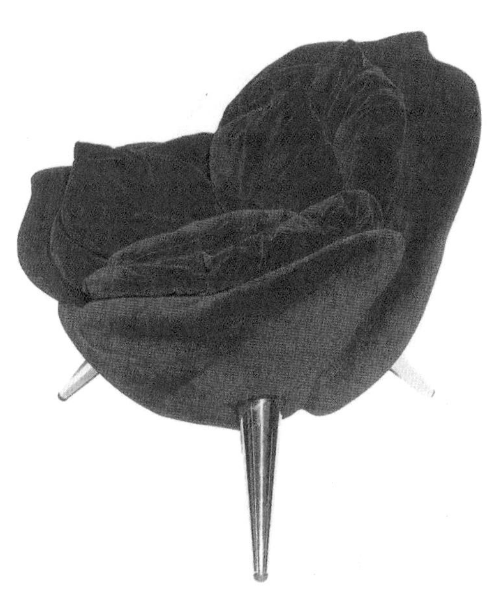

图 1-27 玫瑰椅 雅则梅田（Masanori Umeda）日本

图 1-28 水壶 迈克尔·格雷夫斯（Michael Graves） 美国

四、对产品形态的认知

产品形态是表达产品设计思想与实现产品功能的语言和媒介，通过形态的设计不仅要实现产品的使用功能，还要传达精神、文化等层面的意义与象征性，所以产品形态是产品自身的功能、结构、材料以及工艺技术等客观因素，与设计者和使用消费者在审美、价值判断等主观因素相互作用的综合结果。对产品形态的认知主要分为对功能识别的认知、对象征意义的认知和对使用操作的认知三个方面。

（一）对功能识别的认知

对功能识别的认知是指通过产品形态特征的表达，在消费者心中所建立起来的对产品本身所具有的使用功能类型的识别。产品形态和产品的功能是密切相关的整体，不管是“形式追随功能”的主张，还是“形式追随行为”的观点，以至“形式追随情感”的说法，操作上侧重点的不同，不能等同于关系的断裂，产品的形态都不可能从产品的功能中分离出来而独立存在。它们的关系一方面表现为功能决定产品的基本形态，另一方面表现为形态对产品功能具有启发作用。产品的形态是其功能的表现形式和实现功能作用的媒介，在产品形态的认知过程中人们首先会根据经验从形态识别产品的功能，如杯是用来喝水的，电饭锅是用来做饭的。

（二）对象征意义的认知

对象征意义的认知是指透过产品形态而显示出来的心理性、社会性和文化性的象征价值的识别。例如，当人们看到某种产品形态特征时，在心里所产生的诸如高雅、单纯、活泼、可爱、昂贵、低俗、丑陋等感受；或者通过产品形态能给使用（拥有）者产生对其个性特点、文化品位、社会地位等方面的认同（图 1-29 至图 1-31）；或是通过系列的产品推出，形成或加强消费者对企业形象的总体印象。对象征意义认知因素的考虑在不同类型的产品中占有不同的分量，它会随着消费对象和场所的不同而有不同的要求。象征意义认知因素在强势品牌的产品、风格类产品和身份类产品的设计中占有特别突出的地位，设计师需要特别加以研究。

（三）对使用操作的认知

对使用操作的认知是指产品形态在操作界面上

图 1-29　汽车　劳斯莱斯　英国

图 1-30　手表　劳力士　瑞士

图 1-31　三色耳环　卡地亚（Cartier）　法国

的设计在使用者心中形成的对产品使用操作方式的认识。在产品造型设计中，它是产品功能得以充分发挥，建立良好的人机关系的关键环节。操作界面设计的具体实践需要遵循的重要原则是：期待用户进行的操作是否能够被用户正确感知到；在一个容易使用的设计中，这些操作是否能很容易地被用户感知和正确理解；是否遵循了标准惯例和人机工程学的相关知识来减少错误操作的产生，从而避免安全事故的出现。这些形态设计原则的合理应用，使产品在被使用操作的过程中，更能体现出易用、安全等人性化的价值。例如，小米智能门锁 E，门把手设计出圆形下凹的指纹识别区域，提示使用者触及识别区域；上半部分区域有隐藏式的数字键盘区域以及门铃按钮，当手轻拂过去，发光二极管（LED）灯就会点亮数字和门铃区域，使用者可以输入数字密码或者按门铃（图 1-32）。

图 1-32　智能门锁 E　小米

五、产品形态的构成

产品的形态构成元素主要是指点、线、面、体，它们影响着产品带给人的视觉和心理感受。掌握这些基本元素的概念、性质与作用，是进行产品形态设计的基础。（教学资源见末尾勒口二维码）

（一）点

在几何学上，点没有大小和形状，只表示空间位置。在产品形态中，点具有大小、形状、体积和空间位置，同时具有凹凸、色彩、材质等不同的表现形式，传达着不同的视觉信息。点在产品形态中的体现是多样化的，可以是按键、散热孔、摩擦点和装饰点等（图 1-33）。

（二）线

线可以分为直线、曲线两大类，其中包括实线和虚线。线在空间中具有宽度、深度、长度、密度等，在视觉上可以产生方向、稳定、运动、柔美、刚强等视觉感受。在产品形态中，线通常是以面的交线、轮廓线、分割线、分模线、拼接线、结构线、装饰线等形式表现出来。准确把握线的视觉特征，可以生动地表现产品形态的美感和性格（图 1-34）。

（三）面

面由线的运动轨迹形成，可以分为平面和曲面。面具有虚实之分，多条线或多个点的有机分布也可以产生面的感觉。在产品形态中，面是产品与人交互的界面，是产品使用功能实现的所在。在视觉上，面可以带给人平静、倾斜、柔美、刚毅、收缩、扩张、凹、凸等感受（图 1-35）。

（四）体

体的表面由平面或曲面围合而成，构成一个完成的空间实体。体的基本形态可分为球体、锥体、长方体、旋转体等。产品都是以立体的形式出现，从基本形态的组合和变形中演变而成。产品形态可以通过加、减、分割、扭曲、过渡等方法进行造型，从而产生出很多新的形态（图 1-36）。

图 1-33　产品中的散热孔、装饰点、按键点

图 1-34　产品中的摩擦线、分模线、结构线

图 1-35　产品中的双曲面、平面、单曲虚面

图 1-36　产品中的球体、方体、组合体

第二节 产品形态观的演变及当代产品形态的基本特征

纵观产品发展的历史就会发现，一方面社会的整体产业水平决定着产品的技术含量和产品的类型；另一方面文明的进步透过文化的作用，使产品的形态呈现出丰富多彩的特征，并打上时代的烙印。

自产业革命以来，社会生产力得到了飞速的发展，加速了文明的交流与融合，开启了产品设计的新纪元。工业设计不仅应运而生，而且其学科在交叉中稳步发展，不断完善。产品在针对性设计中进行大批量的生产，产品的数量和种类迅速膨胀，促成了产品形态观的形成和演变。

一、产品形态观的演变

形态观是指设计师的一种形态构建意识，属于设计思想范畴。在产品设计中，工业设计师的形态观决定了支持产品的技术和产品的使用方式以何种方式呈现出来。现代社会所体现出来的多元与发展特征，要求设计师对形态意识发生、形成和发展有较清晰的认识，并在此基础上构建一种有生命力的形态观来指导具体的设计实践。

（一）形态意识的产生

形态意识遵循由真而善再向美逐步发展的规律，伴随着人类自身的进化过程，在生产实践中逐步形成。它在人类创造和使用工具的过程中，建立在产品于现实生活中所体现出来的有用价值的基础上，随着美感意识的产生而产生和发展。

旧石器时期，石器的形态带有强烈的偶然性，打成什么样就是什么样（图 1-37）。在无数次的反复实践中，对于“尖”或者“薄”等形状在生产劳动过程中体现出来的“善”，有了概念上的认同，并将其与使用时的快感之间建立起直接的联系，才形成人类早期对形态美感的认识基础。

彩陶把物质效用和原始装饰品建立在精神愉悦上的审美追求融为一体，使它既有实际效用，又富有幻想色彩，借此使人们在原始装饰中注入的丰富内涵能够得到更广泛的应用，奠定了实用性和审美性并存的形态审美原则（图 1-38）。

青铜器和瓷器的造型体现出更强的主观目的性，自然形态不仅是人们表现与模仿的对象，还成为创造新的人工形态的基础，装饰美化的意识得到强化，审美意识进一步超出了实用功能的要求，引导形态走向多样化（图 1-39、图 1-40）。

图 1-37 手斧

图 1-38　马家窑文化舞蹈纹彩陶盆　新石器时代

图 1-39　“师酉”青铜簋　西周

图 1-40　青花云龙纹赏瓶　清

（二）形态观的演变

形态观作为一种体现设计者的形态创造思路与价值认同的思想活动，深受技术、文化等因素的影响。它与单纯的设计方法不同，设计方法是一般的规律的总结，有着相对的稳定性。比如“师法自然”是一种比较原始的设计方法，它与今天所说的“仿生设计”其实没什么差别。鲁班被草叶的齿形边缘割伤后发明了锯子，莱特兄弟琢磨鸟类的飞行发明了飞机，两者之间虽然在技术层面存在着巨大的差异，但是就设计方法上看是一样的。产业革命以后，科技的发展为多样的产品形态塑造提供了丰富的可能性，有关形态观的理论开始形成。关于产品的形态观概括起来有如下三种。

1.“形随功能”的形态观（教学资源见末尾勒口二维码）

1896年，芝加哥学派的建筑家路易斯·沙利文（Louis Sullivan）在他的《高层办公建筑艺术思考》一文中提出：“形式永远追随功能”（Form ever follow function）[1]，抓住了现代主义设计的本质，从而影响整个20世纪的设计。“形随功能”形态观的动机是否定新艺术运动繁复、虚夸的装饰而建立实用、简洁的样式，以符合大工业生产。这种观点被现代主义发展到极端，即“少即是多”，主张去装饰化，使得产品给人的感觉是严谨、理性有余，而亲切感、人性化不足，缺少对人类自身的理解与尊重，满足不了人类自身丰富的情感需求（图1-41、图1-42）。

2.“形随行为”的形态观（教学资源见末尾勒口二维码）

“形式追随行为”（Form follow action）的形态观是美国艾奥瓦大学艺术及艺术史学院教授胡宏述先生提出的[2]。这里在强调产品功能的同时更进一步强调了以用户为中心的人机交互设计。这里的“行为”是指我们个人的行为动作、操作使用方式和行为习惯。主张在研究和遵循人类行为习惯和规律的基础上，进行产品的形态设计。这种观点对产品

[1]　Louis H.Sullivan, “The Tall Office Building Artistically Considered,” *Lippincott’s Magazine* 57(1896):409.

[2]　杨大松:《论“形态追随行为”形态观》,《安徽建筑工业学院学报（自然科学版）》, 2008 年第 2 期。

人机界面的优化，提高产品的可操控性和改善产品对于人类健康的影响等方面起到了积极的作用。例如，深泽直人根据人们在等车或等人时把重物挂在伞柄上的行为习惯，在伞柄处设计了一个凹槽，为伞柄增加了悬挂物体的功能（图1-43）。又如，罗技人机工程学 K860 电脑键盘的设计，键盘被分割为了两个部分，中间形成了一个倒“V”状的间隔，键帽均为斜向排列，这样使用者的手腕和前臂可以保持自然的弧度。底部的记忆泡棉能够提供更好的腕部支撑，提高了产品的舒适度，对使用者的健康更有保障（图1-44）。

近几年，为了让长时间持握鼠标的人有更舒适的使用体验，不少品牌开始研究鼠标新的使用方式。例如，罗技ERGO M575鼠标（图1-45）符合人体工

图1-41　摩卡壶　阿方索·比乐蒂（Alfonso Bialetti）　意大利

图1-42　博朗T3收音机　迪特·拉姆斯 (Dieter Rams)　德国

图1-43　雨伞　深泽直人（Naoto Fukasawa）　日本

图 1-44　人机工程学 K860 电脑键盘　罗技（Logitech）　瑞士

图 1-45　人机工程学 M575 鼠标　罗技（Logitech）　瑞士

程学的最佳形状，最大限度地减少手臂运动，最大限度地提高舒适度，同时让用户的手和手臂保持放松。鼠标右侧专门设计有安放小拇指的凹槽，鼠标左侧没有侧键，有一个供拇指操控的轨迹球，轨迹球不会移动，因此非常适合紧凑的工作空间。

罗技公司的另一款鼠标（图 1-46）采用防汗硅胶掌垫，并配有舒适的拇指托，手感柔软，采用理想的 57° 倾斜角，使用户的手部和上半身处于自然姿势，不再受困于长时间办公引起的紧绷。

3. “形随情感”的形态观

“形式追随情感”（Form follow emotion）是德国著名的青蛙设计公司所提出的观点，它体现了后工业社会人们对现代主义的反思，强调对人类自身精神需求的重视。在这里它更强调一种用户体验，突出用户精神上的感受。好的设计是建立在深入理解用户需求与动机的基础上的，设计者用自己的技

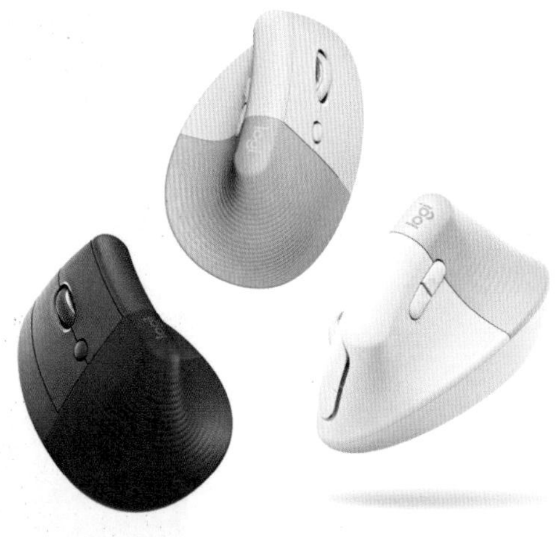

图 1-46　垂直（LIFT）鼠标　罗技（Logitech）　瑞士

能、经验和直觉将用户的这种需求与动机借助产品表达出来，体现一种诸如尊贵、时尚、前卫、幽默、情调等情感诉求。同类的产品如图1-47所示的核桃夹，用猴子压核桃的形态表达趣味性，图1-48所示的妈妈抱椅饱满流畅的形态让人联想到妈妈温暖的怀抱，图1-49所示的书立用菱形切割的头像形态在体现个性的同时传递了读书可以让思维打开的形态语意。这种形态观可能带来的一个极端，就是过分注重人的心理感受而忽略了产品本身最初的使用价值，出现产品的精神功能压倒产品的物质功能的现象。（教学资源见末尾勒口二维码）

上述三种形态观虽然存在着形成时间的先后关系，但是在实际应用上设计师要结合具体的设计实践进行综合把握、灵活运用。

图1-47　核桃夹　阿莱西（Alessi）　意大利

图1-48　妈妈抱椅　加埃塔诺·佩谢（Gaetano Pesce）　意大利

图1-49　书立　凯瑞姆·瑞席（Karim Rashid）　美国

二、当代产品形态的基本特征

像其他事物一样，产品的形态也会打上明显的时代印记。从过去“大批量”生产、“大众化款式”的设计概念，到“多品种、差异化、个性化”等设计新理念的出现，充分说明了在当代社会的多元文化背景下，带来的产品形态特征的变化。这些变化一定程度上又成为设计师在进行产品形态创意中要遵守的潜在规则。当代产品在形态上具备以下三个方面的主要特征：风格简约化、形象个性化、界面人性化。（教学资源见末尾勒口二维码）

（一）风格简约化

当今社会，人们生活在充满各种人造物品的繁杂世界中，面对社会、环境、工作与生活等各方面的压力，在内心深处试图寻找一种单纯而又有亲和力的关系来平衡，这就是产品走向简约的心理基础。

简约的风格是指当代产品在外形特征上，绝大多数都给人一种简约而不烦琐的形式感受。简约不等于简单，它是单纯的体现。简约在当代科技的强力支持下，具有一种与信息时代相关联的现代感，包含一种同现代生活相符合的精神，简约中往往蕴含着丰富的内涵（图1-50至图1-54）。

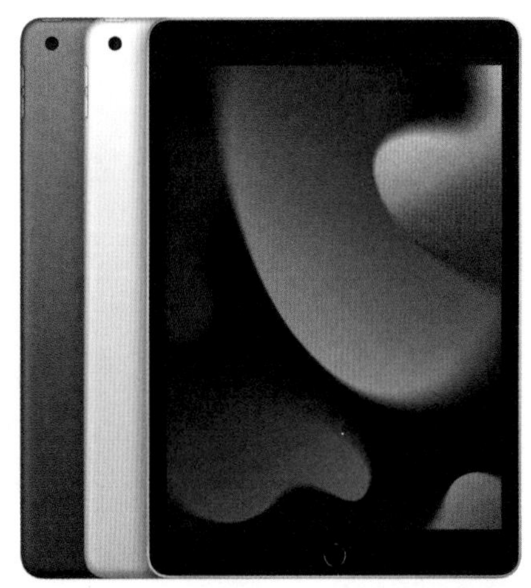

图 1-50　平板电脑（iPad）　苹果（Apple）　美国

图 1-51　旋转台灯（Spun Table Lamp）　Flos　意大利

图 1-52 水壶　无印良品 (MUJI)　日本

图 1-53 椒盐研磨瓶　李正勋、李东奎（Junghoon Lee、Dongkyu DK Lee）　韩国

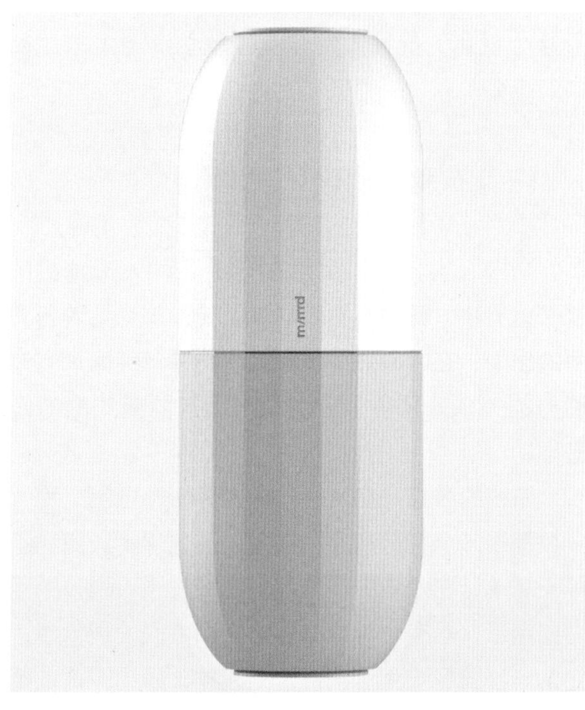

图 1-54 水瓶　BKID 设计公司　韩国

（二）形象个性化

个性化需求是人类的一种高层次需求，是在经济条件改善以及物质丰富以后，消费行为转变的必然结果，也是市场行为中商家拓展市场、竞争制胜的有效手段。产品的形态具有良好的亲和力和个性化特征，在基本功能以外具备更多的情感附加值和恰当的身份与精神象征意义，成为当代产品的一大特点（图 1-55 至图 1-58）。

在产品的形象中注入亲和力、增加个性化的情感附加值，是一个相对古老的话题。100 多年前英国的威廉·莫里斯所提倡的工艺美术运动就是这方面的一种尝试，只是当代设计师不会走他的那条否定产业进步的老路，20 世纪 70 年代后出现的后现代主义思潮就是这种追求最直接的反映，其表现形式丰富多彩。充分运用现代工艺和技术，将简单功能的产品进行形态的情趣化设计，使产品变得更有情趣是比较常见的做法。例如，菲利普·斯塔克的柠檬榨汁器就是一个关于情感的典型。产品简洁流畅的主体配上修长的腿脚，像一只章鱼，又像一种异国昆虫或外星人的太空飞船，给人以丰富的联想，而遍布产品主体的沟槽形处理又清晰地体现出传统柠檬榨汁器上的典型特征，给人准确的功能提示。这两种不同的形态认知感被有机地糅合在一起，完全出乎人的意料，当你第一次看到它的时候脸上难免会露出会心的微笑，它给生活增添了一丝幽默（图 1-59）。

产品个性化的另一种呈现方式是让产品具有与众不同的格调和品味，从而展示使用者的身份与精神追求。作家保罗·福塞尔（Paul Fussell）在

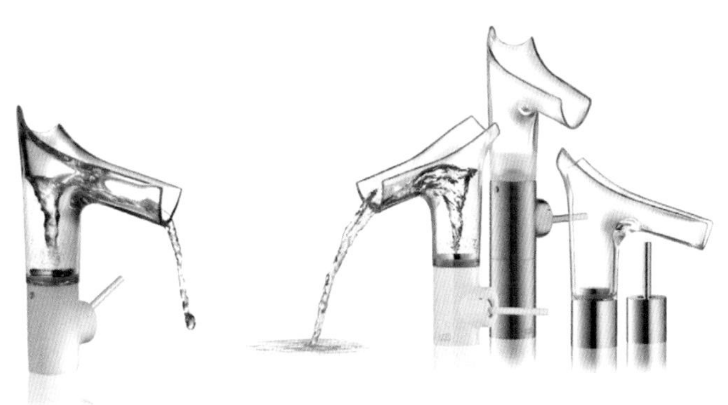

图 1-55　雅生斯塔克（Axor Starck V）水龙头　菲利普·斯塔克 (Philippe Starck)　法国

图 1-56　威士忌酒瓶　“帝国”牌（Imperial）　英国

图 1-57　洛克希德椅（Lockheed Lounge）　马克·纽森 (Marc Newson)　澳大利亚

图 1-58　吹风机　戴森　英国

《格调：社会等级与生活品味》中说，在英语中“Class”这个词既有阶级、阶层和等级的意思，也含有格调、品味的含义。在这一双关词中，“格调”是显性的，而“等级”是隐性的，保罗·福塞尔认为正是人的生活品味和格调决定了人们所属的社会阶层，而这些品味、格调只能从人的日常生活用品中表现出来。也就是说，产品形态是体现产品品味与格调最直接的语言。例如，密斯·凡·德·罗（Ludwig Mies van der Rohe）的巴塞罗那椅（图1-60）就成为战后美国新的价值观念和追求的象征。物品以其独特的方式来表达其所有者的情感上的需求。

（三）界面人性化

人性化设计是当代设计的一种主要特征。人性化设计要求以人为中心，物为人所用，研究人类的心理和行为特性，并且在产品设计中予以充分的尊重与应用。产品界面的人性化设计综合反映在产品的操作上，体现为产品功能的易用性和过程的交互性等特点。

产品功能的易用性主要是指为了让消费者能够真正在使用产品的过程中感受到方便的愉快，感受到产品对使用者的人文关怀。

产品“易用性”（Usability）的评判有以下五个方面：1. 可猜测度（Guessability），指产品在用户首次使用时完成某项特定功能而提供的帮助度。2. 可学习度（Learnability），指产品提供给用户从首次使用到成为熟练用户进行自我学习或接受培训的帮助度。3. 熟练用户胜任度（Experienced user performance），指产品在对有经验用户成功完成某项特定操作提供的确保度。4. 系统潜力（System potential），产品对于不同熟练程度的用户而相应提供的完成某项功能的不同手段的选择可能度。5. 再使用度（Re-usability），指产品在用户间隔一个相对较长的时间段后重新达到成功完成特定操作的帮助度。通过这五个方面可以在产品开发时帮助设计师做全面的考虑，同时也是检验产品是否具有人性化的基本标准。例如，方便进餐的“Easty”（easy + tasty）餐具，将餐具一角换为硅胶，利用硅胶独特

图 1-59　柠檬榨汁器　菲利普·斯塔克（Philippe Starck）　法国

图 1-60　巴塞罗那椅　密斯·凡·德·罗 (Mies Van der Rohe)　德国

的触感和随意变形的特点，引导视力受损者更精准地进食与饮水，体现了产品的易用性（如1-61）。

又如，任天堂新主机的手柄，操作界面非常人性化。极大地提高了娱乐过程的交互性，高度模块化的机体设计，能够以多种方式组合实现高适应性和可扩展性。可拆卸式的手柄能让玩家的双手不再固定在一个手柄上，可以解放双手，用现实中的肢体动作来控制游戏中的动作、角度、方向、深度，功能和精确度都远超传统控制设备。手柄分别搭载了独立的遥感控制器动态感应摄影机，可以识别玩家动作和定位。玩家可以通过挥动手柄挥动游戏中人物角色的道具，比如玩家在控制游戏角色打网球和跳绳时，在现实中也需要做出相应动作，沉浸感和互动感极强（图1-62）。

图1-61　方便进餐（Easty）餐具　杰克斯特·林（Jexter Lim）　新加坡

图1-62　游戏手柄　任天堂（Nintendo）　日本

第三节　产品形态语意传达

一、产品形态语意传达的概念

语意的原意是指语言的意义。产品形态语意是在符号学的基础上派生出来的，把符号概念运用在产品形态设计中而形成的语意系统。产品形态语意是指产品形态中所包含的产品符号向消费者传达的外在含意与内在含意，即产品形态的外延和内涵。

产品形态的外延是指设计师通过产品的外在形态、构造、CMF（颜色、材质、表面处理）、操作等直接表现的“显在”关系，即由产品形象直接说明产品信息内容本身，进而表达出产品的物理性功能以及理性信息价值。

产品形态的内涵是指在产品中不能直接表现的“潜在”关系，需要通过产品形象间接说明的产品精神层面的含意，包括产品符号中包含的个人的情感联想、意识形态或社会文化背景等在文脉中不能直接体现的潜在关系。

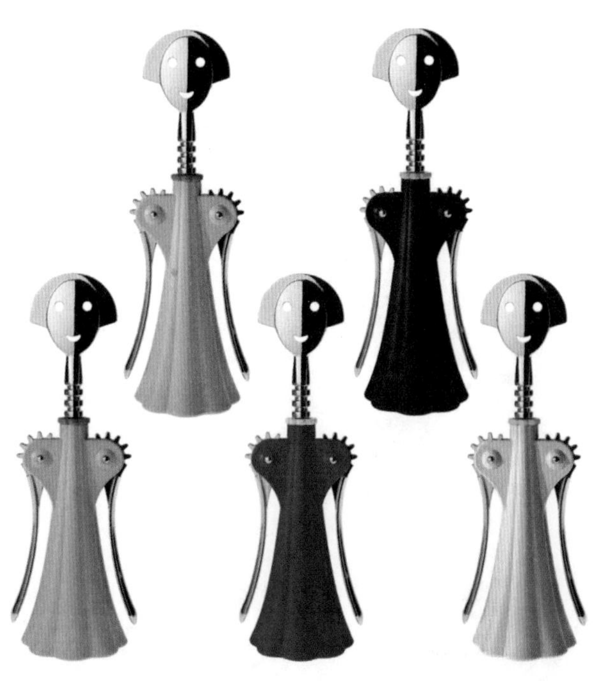

图 1-63　安娜系列开瓶器　阿莱西（Alessi）　意大利

例如，阿莱西的安娜系列开瓶器（图 1-63），它的形态传递出产品的外延是用于打开红酒瓶盖，拔出软木塞的工具；内涵则是开瓶器采用一个可爱的女佣形象，拥有不同的色彩的裙子，使得厨房富有情感温度，完全改变了传统开瓶器单调冷漠的形式。

二、产品形态语意传达的方法

英国文化研究之父斯图亚特·霍尔（Stuart Hall）结合符号学等理论提出了“编码 / 解码”理论。编码过程包括信息的建构和符码化[1]，具有建构某些界限和参数的作用[2]。解码过程是指当编码阶段完成，传媒文本通过传播送到受众的手中时，受众会“产生非常复杂的感知、认知、情感、意识形态或者行为结果”[3]。产品形态语意学基于符号学，因此产品形态语意的传达也要解决编码和解码的问题。对于产品形态设计来说，编码过程就是把设计信息转换成产品符号的过程，解码的过程是使用者在使用产品的过程中，将凝聚于产品中的设计符号转换为认知信息，并指导其对产品的正确认识和使用的过程。

通过图 1-64 可以看出，设计师根据自己的经验和知识，参考用户的经验和知识结构通过设计产品的形态进行编码，用户根据自己的经验和知识通过使用产品进行解码。产品形态作为沟通设计者、使用者的媒介，具有提供使用、传递信息、表达意义的作用，是一种符号载体。产品通过形状、大小、色彩、材料、工艺等符号，以特殊的造型“语言”传递着各种信息。

[1]〔英〕斯图亚特·霍尔：《编码，解码》，王广州译，罗钢校，载罗钢、刘象愚主编《文化研究读本》，中国社会科学出版社，2000，第 349 页。

[2] 同上书，第 355 页。

[3] 同上书，第 348 页。

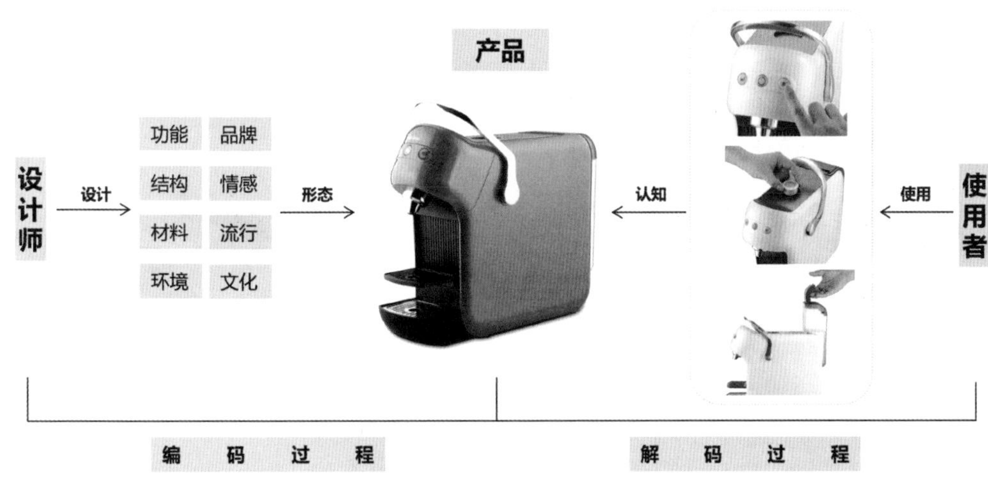

图 1-64　产品形态语意传达的方法

三、产品指示性语意的传达

产品指示性语意是指在产品的形态要素中所表现出的显在的关系，即由产品的形态本身直接说明产品的实质内容。它是通过对产品形态的特征部分和操作部分的设计来表现产品的功能价值。指示性语意的传达要求设计师在编码的过程中，通过借用公认的符号语意，从产品各部件的结构安排、材料选用、操作方式、操作程序、操作反馈及图标等方面进行形态关联设计，找到一种能够准确传递产品类别、功能及使用的显性语义符号，让使用者通过观察尝试后，就能够正确了解产品、使用产品。

产品指示性语意主要传达的是产品的类别语意、功能语意和操作语意。

（一）类别语意

产品的类别语意是指根据使用者意识中生活经验的积累，通过产品形态传达社会约定俗成的产品的类别信息。如图 1-65 至图 1-69 中的产品都是坐具，分别是椅子、凳子、儿童餐椅、沙发、吊椅。我们从它们的形态可以识别出这些产品属于坐具这个大类，再从它们各自的形态特征细分出具体类别。例如，凳子是有腿没有靠背的、吊椅是没有腿的。图 1-70 至图 1-74 中的产品都是锅具，我们可以从它们的形态识别出每个产品都代表锅具中的一个类别，分别是炒锅、奶锅、电蒸锅、不粘煎锅、压力锅。

图 1-65　椅子　梵几

图 1-66　玛留斯凳子　宜家家居　瑞典

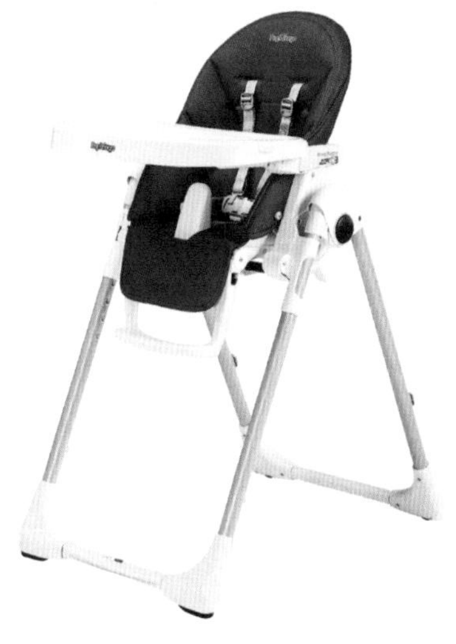

图 1-67　儿童餐椅　派立高（Pegperego）　意大利

图 1-68　沙发　马里奥·贝利尼（Mario Bellini）　意大利

图 1-69　吊椅　艾洛·阿尼奥（Eero Aarnio）　芬兰

图 1-70　炒锅　三禾

图 1-71　奶锅　双立人　德国

图 1-72　电蒸锅　小熊

图 1-73　不粘煎锅　拉歌蒂尼　意大利

图 1-74　压力锅　双立人　德国

（二）功能语意

产品的功能语意是指产品的用途和功效信息。在现实生活中，不同的产品功能有着对应的产品形态与之相配合。如图 1-75 所示的榨汁机，从上部凹凸的多瓣锥形可看出该产品具备手压榨汁功能，中间的滤网提示产品带过滤功能；而从图 1-76 所示的这款耳机的形态可看出它是一款具备收纳及降噪功能的耳机；图 1-77 中的这款手电筒的大体量反光罩表明它本身具备野外大空间的照明功能，底下的旋转折叠结构表明它具有支撑改变照射范围的附加功能。

（三）操作语意

产品的操作语意是指产品使用和操作方法的信息。产品的使用操作符号要直观清晰、正确且无歧义。这样使用者通过观察和尝试使用产品就能够正确掌握产品的操作方法。“旋、按、拨、握”是使用产品的几个基本动作，也是产品的指示符号，使用者不需要看操作说明书就知道如何使用产品。旋是指用手或手指旋转，按是指用手或手指压，拨是指用手指或棍棒等推动或挑动，握是指手指弯曲合拢、持握。如图1-78中的手表、灯具的调节操控、瓶盖的开和关、口红的推出收回、计时器的定时都用到旋的动作，这些产品操控部分的形态多为中轴对称的圆柱体，直观地体现旋的特点。

同一个产品也会出现这些指示符号的综合运用。例如图1-79中的台灯，开灯时，用手指按下触摸开关键，使用过程中通过推和拉的动作调节灯架的倾斜度，通过手臂转动调节灯罩的照明角度，依据图标的指示，通过手指在操控面板上左右滑动调节灯的亮度，这都是产品本身的使用操作语意传递给人们的信息。

图1-75　榨汁机　飞利浦(Philips)荷兰

图1-76　耳机　铂傲（B&O）　丹麦

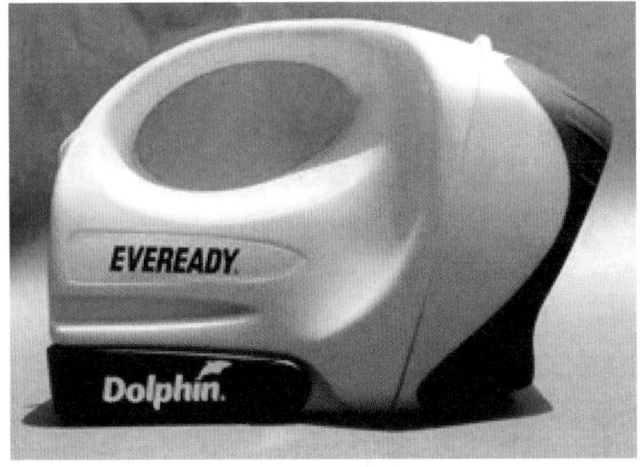

图1-77　手电筒　永备（EVEREADY）　美国

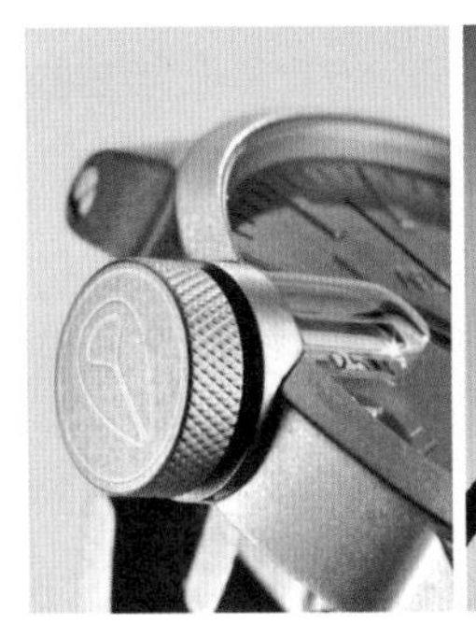

手表旋钮操控

台灯旋钮操控

水瓶盖的开和关

口红的推出收回

计时器定时

图1-78　产品上旋的操作语意

图 1-79　双髻鲨台灯　广州易用设计有限公司

四、产品象征性语意的传达

产品的象征性语意是指在产品的形态要素中不能直接表现出来的“潜在”的关系，是由产品的形态间接说明产品的心理性、社会性和文化性的象征价值。产品形态语意学强调产品符号除功能内涵以外，还重视产品对使用者产生的文化、精神和心理影响。这些影响使产品具有超越功能的附加价值。因此，象征性语意是产品语意学中最核心的部分，是决定产品附加价值的关键。象征性语意的传达要求设计师在编码的过程中，通过从具象形象中提炼抽象语言，赋予象征符号以表征寓意，超越物的层面，利用约定俗成的文化法则，通过隐喻、引用等手法来进行产品隐性语义的重塑。

产品象征性语意主要传达的是产品的情感语意和文化语意。

（一）情感语意

情感是人们在对客观事物所持的态度中产生的一种主观体验。产品的情感语意是指设计师通过联想、借喻、暗喻等多种方式向使用者传递自己的理念，使产品和使用者的内心情感达到一致和共鸣。产品情感语意的体现方式是多样的，可以通过视觉、听觉、触觉、通感以及各种心理认知等不同的设计语言反映出来。必须强调的是，情感语意不仅要靠自己感悟，还要根据对设计定位与服务人群的研究，找出满足大众化需求、具有代表性的情感语意传递方式，这样才能使设计转变为成功的产品。例如，图 1-80 中的这组产品造型以柔和的曲线为主、表面处理工艺细腻精致、色彩优雅高贵，看起来就很有女性的感觉；图 1-81 中这组产品造型圆润可爱、细节处理到位、色彩柔和，饱和度较高，让人一眼就能辨认出是幼童产品，给人安心、舒适的感觉；图 1-82 中的产品能够带给使用者心理层面的愉悦感，增加生活情趣，增添仪式感。

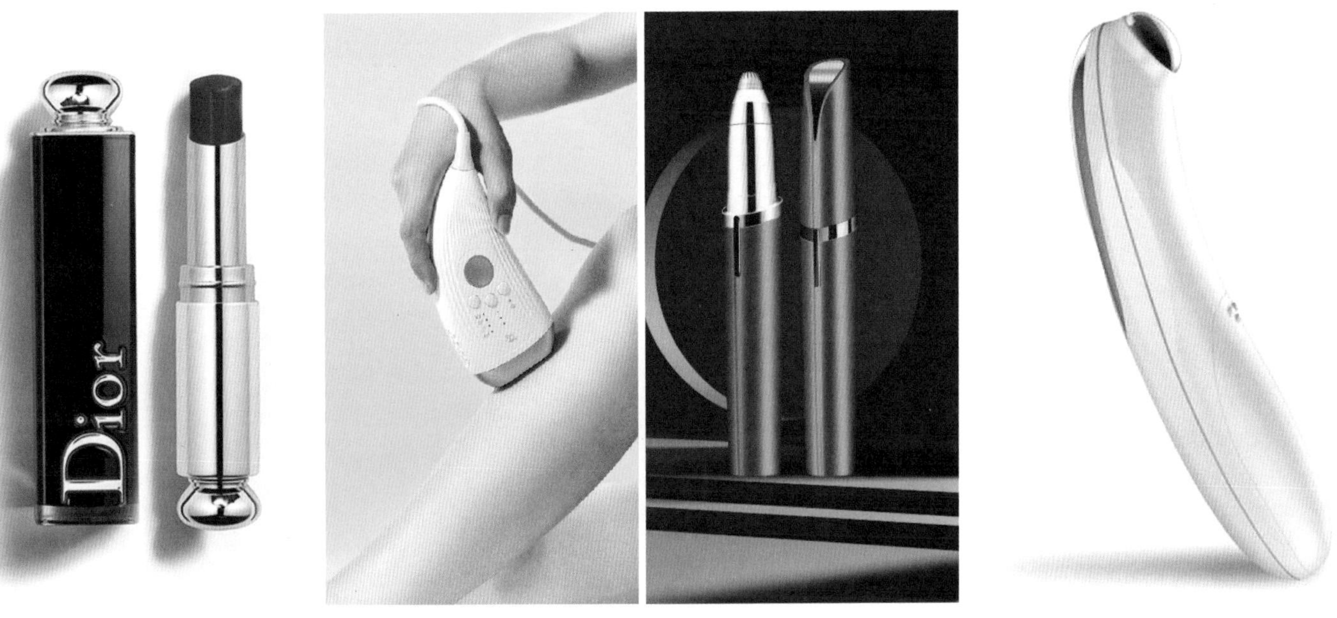

图 1-80　有女性感觉的产品形态（从左至右）：（Dior）魅惑釉唇膏、小猫安妮（Kitty Annie）脱毛仪、尚哲修眉器、飞利浦微晶磨皮仪）

图 1-81　有幼童感觉的产品形态（婴儿马桶、浴盆、餐具、杯子、座椅、温度计）　柴田文江　日本

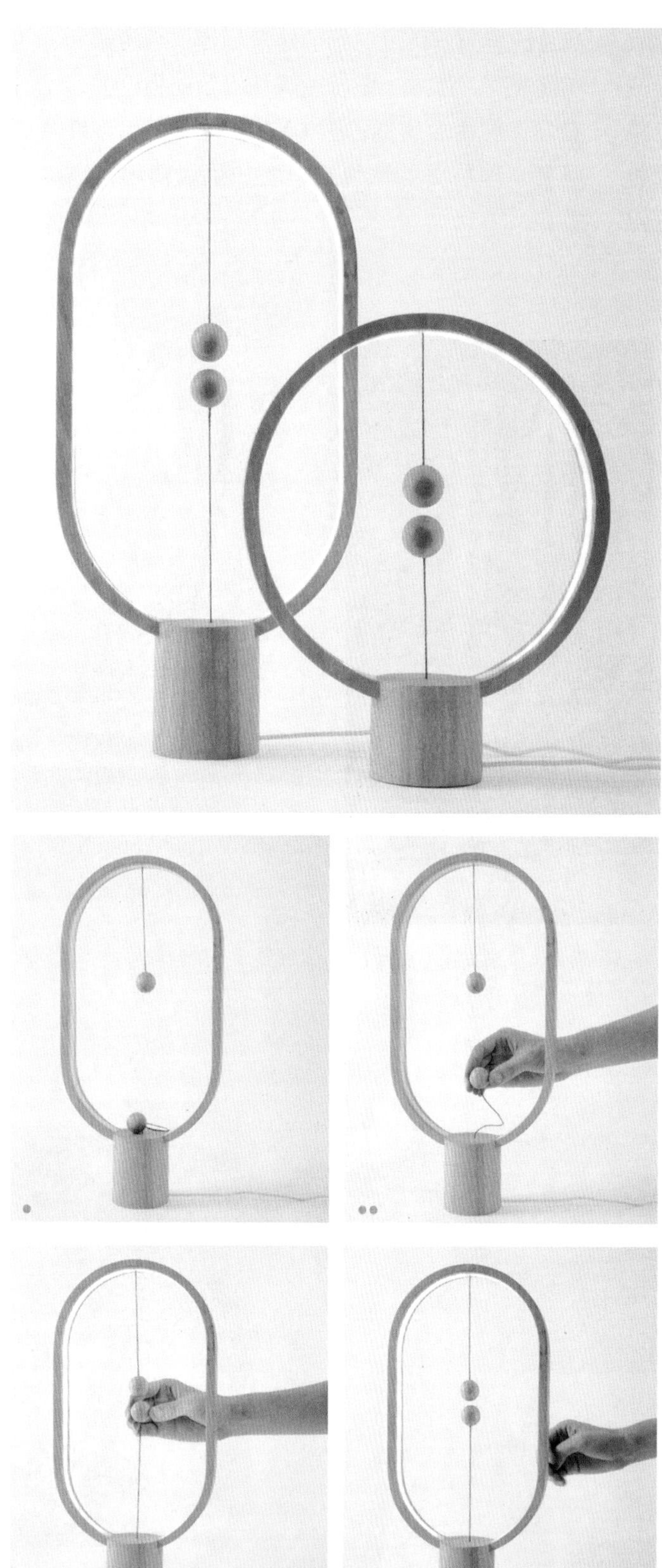

图 1-82 衡灯 李赞文 张剑指导 广州美术学院

（二）文化语意

产品的文化语意主要包含流行文化语意、传统文化语意和品牌形象语意。

1. 流行文化语意

流行文化是社会某个时期人们审美观的集中表现，涉及人们生活的各个方面。从某种程度上说，流行文化是一种随处可见的消费现象，因为在多数时候，它都体现为某一时期人们一种趋同的消费选择。追求流行时尚逐渐成为社会文化中重要的组成部分。设计师对流行文化语意的正确把握有利于设计上的不断创新，有利于创造商业价值和社会价值。20 世纪 50 年代，波普艺术曾是流行文化的典型代表。近几年，社会出现了简约风、国潮风等流行的设计风格，时尚界出现了菱形切割、图腾、波点等常用的符号元素。图 1-83 至图 1-85 中的产品便是菱形元素在女包饮料包装、音箱上的运用，传递出一种时尚潮流之风。

2. 传统文化语意

中国的传统文化底蕴深厚、内涵丰富。它的形式包括绘画、语言、文学、音乐、舞蹈、神话、礼仪、习惯、手工艺、建筑艺术等。设计师要通过对形态语意的提炼表达文化内涵，做到传统与现代的结合，让传统文化融入老百姓的生活，提升文化自信。例如，图 1-86 中百雀羚品牌推出的雀鸟缠枝宫廷系列化妆品，外形以古代宫廷女子腰间佩戴的“金什件”为灵感来源，将唇膏、气垫和眉笔串联在一起，同时融入金镶翠玉等传统首饰制作工艺，展现中式美学与现代时尚的融合。又如，图 1-87 中设计师利用“福到”这一谐音，提取中国饮食文化中豆腐的形态特征，设计出这套具有中国传统文化特色的茶具。

图 1-83　女包　三宅一生（Issey Miyake）　日本

图 1-84　饮料包装　赫稀（Healsi）　葡萄牙

图 1-85　音箱　卓棒（JAWBONE）　美国

图 1-86　清“金什件”雀鸟缠枝宫廷系列化妆品套装　百雀羚

图 1-87　豆福杯茶具组　喜器（Cichi）　李尉郎

3. 品牌形象语意

品牌形象是指企业或其某个品牌在市场上、在社会公众心中所表现出的个性特征，它体现公众特别是消费者对品牌的评价与认知。企业利用自身品牌的象征符号传递品牌文化和企业文化，随着产品的迭代，象征符号被固定下来，成为品牌识别的一部分。同时使用不同的品牌产品也成为判断人的社会经济地位和审美情趣的依据之一。例如，拼爱玩（PIY）是中国的一个新品牌，它的理念是：当家具变成玩具，家才充满意义。同时，拼爱玩主张拾起传统手艺，拥抱自然材料，挖掘它们被忽略的美好。因此，拼爱玩不断从中国传统手艺里寻找灵感，结合中国榫卯和西方螺丝的节点智慧，设计出螺纹榫家具体系，让组装过程变得有趣。图 1-88 中的产品是拼爱玩的“毡毡包”猫窝，它通过榫卯结构原理组装，搭配两层毛毡，通过把上层毛毡上顶下压可变成封闭式或开放式的状态，下层也可搭配其他模块变成收纳区，或绑上麻绳成为猫抓板，可根据使用者个人需求组装出多种用法，美观又实用。拼爱玩还推出了“没有家具的家具店”，店里没有家具，只有各种可组装的结构件，拼爱玩以此进一步强化了他们的模块化家具、“玩积木一样地搭建家具”的品牌形象语意。

另一个例子来自中国的小米品牌。小米的使命是始终坚持做“感动人心、价格厚道”的好产品，让全球每个人都能享受科技带来的美好生活。小米的产品设计秉承着好用的功能、极简的外形、极高的工艺品质三大原则，深受消费者的青睐。小米生态链中的智能家居产品在设计时就很重视产品形态语言，即使是对不同行业、不同品类的产品也依旧可以做到设计风格的统一（图 1-89）。极简的产品外观形态、清晰的交互功能、容易融入环境的中性色等产品特征逐渐深入人心，成了小米生态链产品高度一致的品牌形象语意。

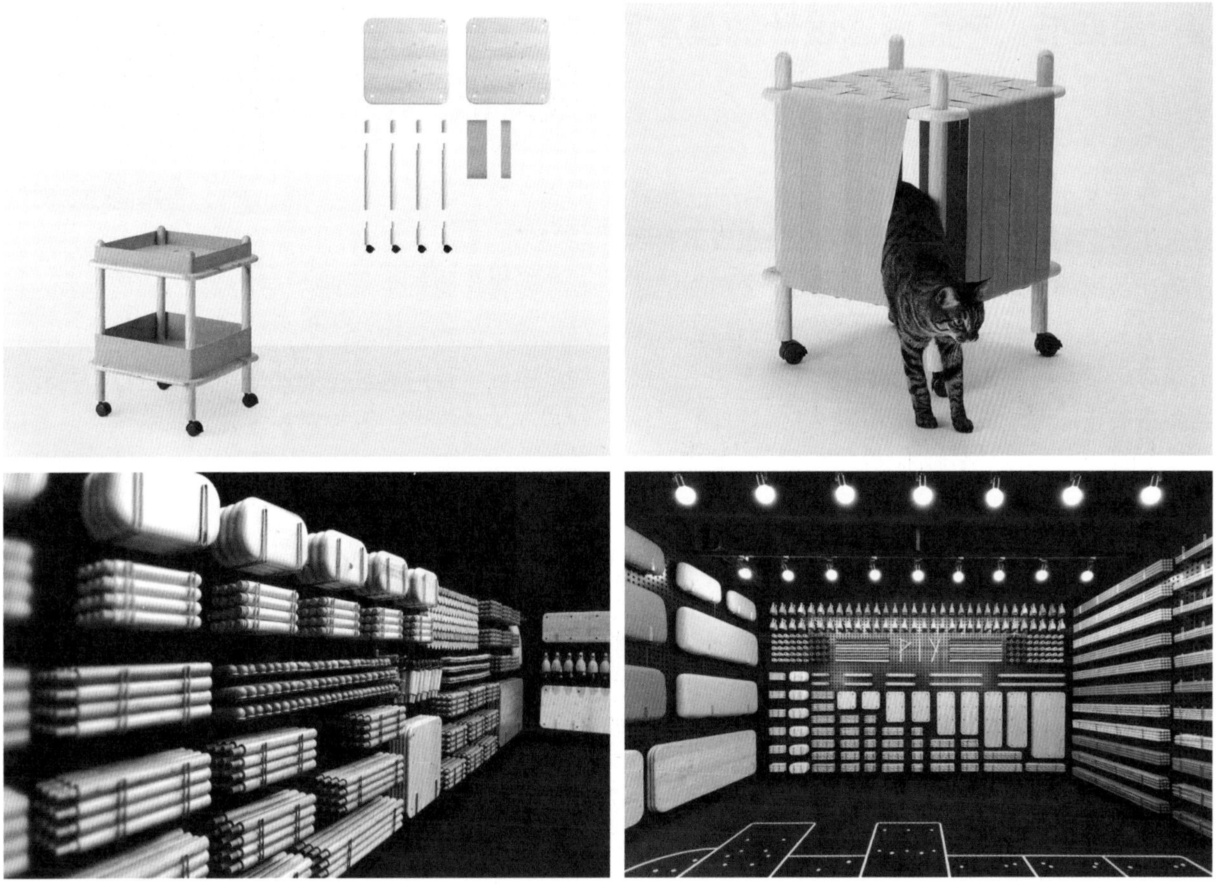

图 1-88　拼爱玩（PIY）品牌形象语意

图 1-89　“米家”产品　小米

第四节　产品形态设计的基本原则

在产品形态创意设计阶段，设计师往往会由于过多考虑各种制约形态的因素而导致思维上受到束缚，与精彩无缘。设计师对此要有一个清晰的认识，尽管制约设计的因素众多，部分因素还不以人的意志为转移，但是，设计的价值就在于创造，创造是没有止境的。只要在产品形态创意设计的过程中，遵循一定的设计原则，灵活运用各种设计的方法和手段就能较好地克服困难，创造出好的产品形态来。这里归纳了产品形态设计的四个基本原则。（教学资源见末尾勒口二维码）

一、确切表达产品的语意特征

在数字创意产业时代，产品形态设计在内容和形式上都发生了很大的变化。半导体及通信技术的发展、非物质产品的出现，使传统的机械构件和控制方式在产品形态设计中的影响力日渐减弱，甚至于不复存在。就物质产品而言，随着产品内部结构的小型化发展，产品形态越来越趋向于小型化、薄型化、盒状化，表现在产品形态上的趋同性日益明显。伴随着这一发展趋势，带来了“造型失落”“人机疏远”等问题。为解决人们在面对千篇一律的产品时感到无所适从的窘境，设计师通过产品的形态设计确切表达产品的语意特征就呈现出其特别价值。

早在包豪斯时期，著名设计师赫伯特•拜耶（Herbert Bayer）认为，视觉设计的作用是使人类和世界变得更加容易被人理解[1]。优秀的工业设计能通过产品语意的把握使产品的功能与形式达到高度统一。

如何使产品通过自身的形态特征，能明确无误地告诉消费者：它具备什么功能、有什么精神文化意义以及怎样操作使用，这是设计师在进行产品形态创意设计中必定会涉及的一个基本问题。对这一问题的解决，要结合产品在功能识别、象征意义和使用操作等三个方面的认知要求，确切地表达产品形态中的语意特征，遵循“易用性”设计原则，通过设计语言的表达（如外形、结构特征、色彩、材料、质感等），形成对视觉方面的暗示，以取得使用者对产品在社会层面、心理层面以及使用层面等方面的理解。让消费者能够真正在使用产品的过程中感受到方便和愉悦，全方位感受到产品对使用者的人文关怀，达到产品更好地为消费者服务的目的。如图 1-90 所示，设计师通过剪刀把手的非对称设计处理准确传达了裁缝剪刀的特定使用功能；通过对人们日常阅读、书写行为习惯的研究，设计师借助于形态语义的转换，将笔和书签进行整合设计，引导人们的阅读书写体验（图 1-91）；游戏手柄的操控键，利用形态的差异准确提示各自的功能和操作方式（图 1-92）。

图 1-90　剪刀　西来事（Slice）　美国

[1]　安姚舜：《寻找时代的视觉符号——谈视觉传达设计的着力点》，《装饰》2003 年第 5 期。

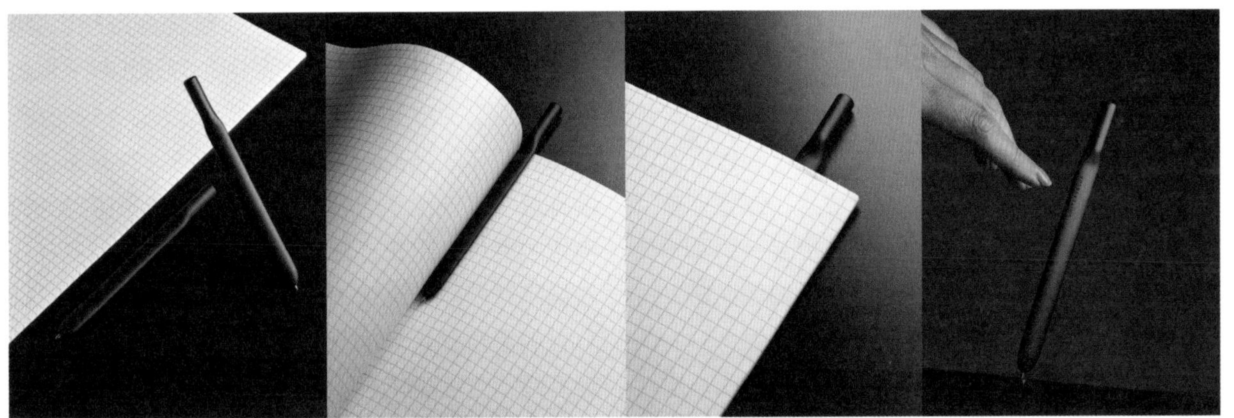

图 1-91　书签笔　格哈德·凯勒曼（Gerhardt Kellermann）　德国

图 1-92　游戏手柄　微软　美国

二、合理延续产品的品牌风格

在当今激烈的商业竞争中，具有较高信誉度品牌的产品在市场销售中具有明显的竞争优势。象征着优良品质、优质服务的品牌成为企业、商家共同追求的目标。人们在选择商品和服务时，品牌往往成了一个非常关键的参考因素。

企业为了加深产品在消费者心目中的印象，除了强化产品的内在品质，也在产品形态上赋予某种视觉特征，以区别于其他品牌的同类产品。例如，在产品的形态设计上通过运用某种固定的色彩搭配或线条特征，或在同一系列产品中应用共同的零组件、相似的外形结构、表面处理、技术特征等。

强化产品品牌印象特征，使企业的产品能让消费者一眼就识别出是哪个企业的产品或属于哪一系列的产品。

铂傲（B&O）是丹麦一家生产家用音响及通信设备的公司，在国际上享有盛誉。它是丹麦最有影响、最有价值的品牌之一，今天的铂傲产品已成为“丹麦质量的标志”。在 20 世纪 60 年代铂傲提出了“品味和质量先于价格”的产品理念，奠定了品牌传播战略的基础和产品战略的基本原则，并于 20 世纪 60 年代末就制定了七项设计的基本原则：

第一是逼真性：真实地还原声音和画面，使人有身临其境之感。

第二是易明性：综合考虑产品功能、操作模式和材料使用三个方面，使设计本身成为一种自我表达的语言，从而在产品的设计师和用户之间建立起交流。

第三是可靠性：在产品、销售以及其他活动方面建立起信誉，产品说明书应尽可能详尽、完整。

第四是家庭性：技术是为了造福人类。产品应尽可能与居家环境协调，使人感到亲近。

第五是精炼性：电子产品没有天赋形态，设计必须尊重人 - 机关系，操作应简便。设计是时代的表现，而不是目光短浅的时髦。

第六是个性：铂傲的产品是小批量、多样化的，以满足消费者对个性的要求。

第七是创造性：作为一家中型企业，铂傲不可能进行电子学领域的基础研究，但可以采用最新的技术，并把它与创新性和革新精神结合起来。

铂傲公司的七项原则，使得不同设计师在新产品设计中建立起一致的设计思维方式和统一的评价设计的标准。另外，公司在材料、表面工艺以及色彩、质感处理上都有自己的传统，这就确保了设计在外观上的连续性，形成了质量优异、造型高雅简洁、操作方便的铂傲风格，体现出贵族气质及一种对品质、高技术、高情趣的追求。对铂傲而言，设计不是一个美学问题，它是一种有效的媒介，通过这种媒介，产品就能将自身的理念、内涵和功能表达出来。

铂傲以产品的设计作为与外界沟通的语言，借以传达企业的价值观，在产品形态方面以其一贯的新颖性特立独行于众多企业的前列（图 1-93）。

产品体现出来的品牌风格和特征，在整个企业的经营中是一种无形的资产，在商品竞争中是一种有效的竞争力。在产品形态设计中，设计师要充分意识到这一点，要详细剖析哪些是确定和影响品牌风格的重要因素，以便在新的产品形态创意设计中更有效地传承品牌的风格特征。

图 1-93　铂傲（B&O）产品系列　丹麦

三、充分展现产品的个性特征

个性是相对于一般的（或共性的）事物而言的，个性就是特点。所谓具有个性化的产品，是指其形态特征与同类产品相比，无论从视觉上还是从其所表露出来的精神特质上都有显著的差异。富有个性的产品，它的形象更突出、更能引起人们的注意力。

让产品具备与众不同的个性是产品设计专业的一个基本要求，设计的创造性特征决定产品设计师在进行产品的形态创意设计中，要以富有个性的产品形态来诠释设计师对产品功能、使用对象的独特理解和深刻认识。

在物质生活极大丰富，生活基本需求达到普遍满足的情况下，人们对精神需求的满足成了消费的重要目的。人们在选购商品的时候，不是过多地考虑其使用因素，而是在寻求一种体现个性、文化、身份的符号。人们舍得花比买普通榨汁机高出近10倍的价钱来买外星人榨汁机（Juicy Salif），绝对不是为了简单的榨取果汁，而是用来显示主人的艺术品位和生活观念。

在人们追求个性特征的需求驱动下，也带来产品设计理念从过去“大批量生产、大众化款式”转变为现在的“多品种、差异化、个性化”（图1-94至图1-99）。在现代产品设计中，追求和充分展现产品形态个性特征成了设计师在产品形态创意设计中需要特别遵循的原则。

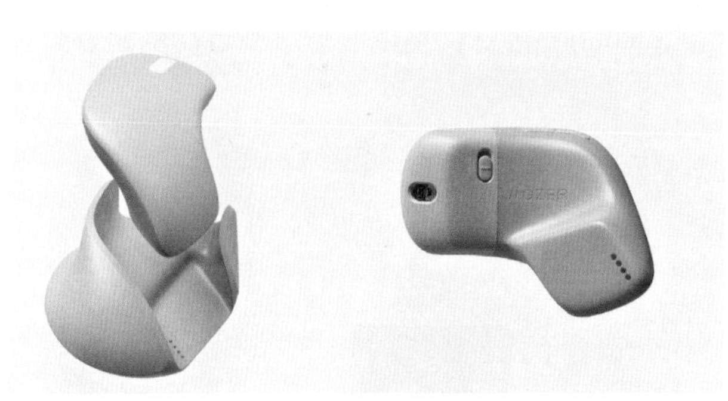

图1-94　莫泽（MOZER）鼠标　所思（深圳）设计有限公司

图1-95　陀螺椅（Spun Chair）　托马斯·赫斯维克（Thomas Heatherwick）　英国

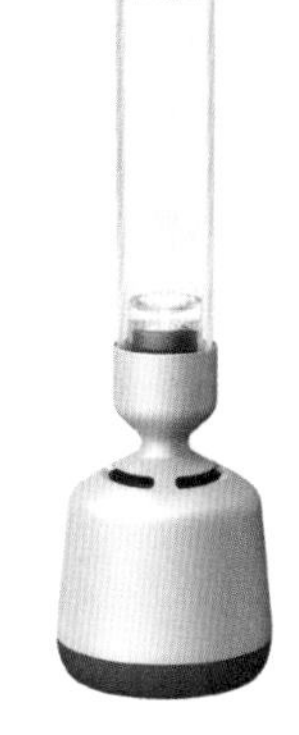

图1-96　晶雅音管无线音箱　索尼（Sony）　日本

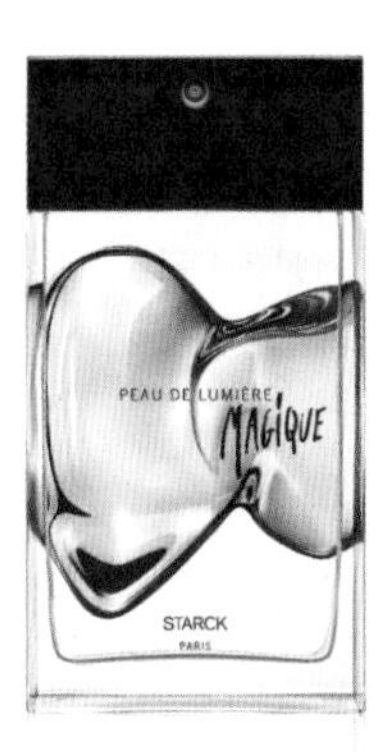

图1-97　斯塔克巴黎（Starck Paris）香水　菲利普·斯塔克（Philippe Patrick Starck）　法国

图1-98　小狗厕纸架　差裕·普利贝奇（Chaiyut Plypetch）　泰国

图1-99　吹风凳　杨承真（Seung Jin Yang）　韩国

四、遵循常规的美学法则

一般地说，美学法则是指形式美的规律，是指造型元素依照整齐、对称、均衡、比例、和谐、多样统一等形态构成形式美的规律。

现代产品设计是技术和艺术的有机结合，要解决的本质问题就是将产品与人的关系形式化，这种形式除了要满足消费者的使用需求，还要满足其审美的需求，随着社会的不断发展，科学技术日新月异，当技术相对于产品来说已经不成为主要问题的时候，形式美感就显示出越来越重要的作用，产品在满足所需功能要求的前提下，形态是否具有意味、是否符合消费审美成了打动消费者从而满足市场需求的关键。美的因素已成为考量其优劣程度的标准之一，美感最初主要来源于人们在生活中对美的事物的体验，长期以来人们通过不断的实践体验，对自然中天然存在的一些事物美的因素的归纳与概括，形成了具有普遍意义的美学法则。产品设计中对形式审美的掌握在很大程度上影响产品造型的审美价值，产品的形式美在某种意义上成了产品设计中艺术造型的核心。既然美的形式法则是人们从社会实践中总结出的普遍规律，而产品设计的目的是为满足大众消费需求的，因此必须遵循这些基本的形式美法则。概括起来主要有以下几方面内容：统一与变化、对称与均衡、比例与分割、对比与调和、节奏与韵律。

产品形式美感的产生直接来源于构成形态的基本要素，即对点、线、面等形式其及所构成的形式关系的理解而产生的生理与心理反应，当色彩、形态、材质肌理等形式要素通过不同的点、线、面的组合符合形式美规则时，使人产生了美的感觉。现代工业造型设计在很多层面上应用这些美学法则，不仅获得了产品形态、式样、色调的统一和谐美，还取得了高科技的功能美，先进制造手段的工艺美，符合人机关系的舒适美，追求时代精神的新颖美。

(一) 统一与变化

统一与变化是形式美的总法则，在造型设计过程中被广泛应用，统一强调物质和形式中种种因素的一致性，变化是一种智慧、想象的表现，强调种种因素中的差异性方面，造成视觉上的跳跃。统一与变化是一对永不可分的矛盾统一体，把握和处理好这对矛盾统一体的关系也就处理好了整体与局部的关系。自然界中有很多物体的形态符合这种形式美法则。

在产品设计中整体的形态主要强调统一关系，统一产生秩序的美感，局部可以通过变化突破单调。设计者如果只注意局部的变化，而缺乏对整体形态的考虑，形态就会凌乱、琐碎。反之如果只注意整体调和与统一，产品的形态就会呆板、单调、乏味、枯燥。所以，每件作品都必须要有适度的变化，适度的对比，同时，又必须处理好各局部之间的关系，使之和谐统一。这个法则在单件产品和系列产品的设计中通用。如图 1-100 所示的雪洞（Bonbori）台灯，整体的形态都运用的是圆形的

图 1-100　雪洞（Bonbori）台灯　柴田文江（Fumie Shibata）　日本

要素，体现统一的视觉效果，通过灯柱上透光的圆孔实现虚实的形态变化；图 1-101 所示的系列烛台，整体的造型由一个半圆和一个圆柱组成，实现了统一的关系，通过在半圆形的表面上突起一些圆点、线条和破开一些线形的口来达到变化的效果。在系列花瓶、餐具等产品上这种法则也有广泛运用（图 1-102、图 1-103）。

图 1-101　系列烛台

图 1-102　台面花瓶　几致

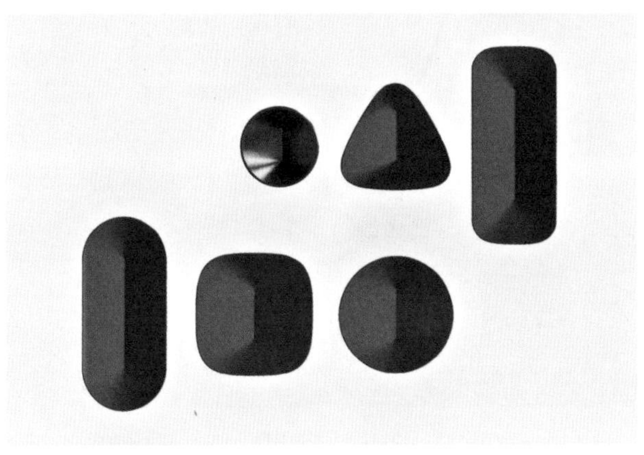

图 1-103　一心一意餐具　孙浩

（二）对称与均衡

对称，即以物体垂直或水平中心线（或点）为轴，其形态或上下或左右或中心对应。也就是说，对称的形式有以中轴线为轴心的左右对称，以水平线为基准的上下对称和以对称点为源的放射对称，还有以对称面出发的反转形式。对称是自然界中的一种普遍现象。小到原子、分子的结构，大到宇宙中的行星、太阳系、银河系等天体的形状，从水滴、露珠、雪花、冰晶等自然形态的水，到花果、昆虫的外形、动物的躯干，无不包含优美动人的对称。从心理学角度来看，对称满足了人们生理和心理上的对于平衡的要求，对称是原始艺术和一切装饰艺术普遍采用的表现形式，其特点是稳定、庄严、整齐、秩序、安宁、沉静。

均衡是指形态各部分之间处于一种相对平衡的状态，使人感觉活泼、自由、富于变化，是一种非对称的平衡。它来源于自然事物在力的状态下稳定存在的视觉感受，体现了自然界中生物的动态形式，植物的生长、动物和人物的运动及各类物种的生态共存，均表现为一种相对平衡状态。

产品形态设计中的对称可产生规律的美感，均衡带来灵性的愉悦。对称强调在形态上的等量对应关系，是产品形态设计常用的手法（图 1-104 至图

图 1-104　IKEPOD 手表　日本

图 1-105 剪切（CTRL-X）剪刀 阿莱西奥·罗马诺（Alessio Romano） 意大利

图 1-106 扫地机器人 小米

1-106）。均衡在产品形态设计中要求各设计要素在总体配比中的相对平衡统一，它的形式体现主要是在有机的布局中掌握物体的重心，产生视觉的平衡关系（图 1-107、图 1-108）。

（三）比例与分割

比例与分割是形的整体与部分以及部分与部分之间数量的一种比率，又是一种用几何语言和

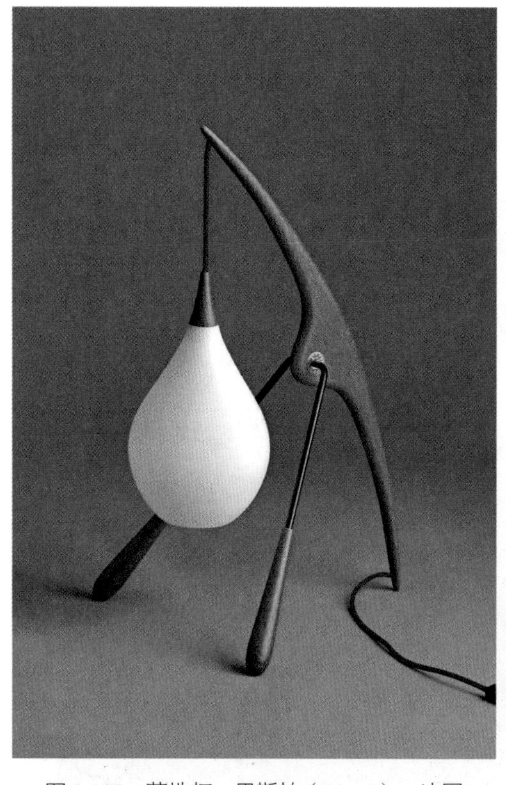

图 1-107 落地灯 里斯帕（Rispal） 法国

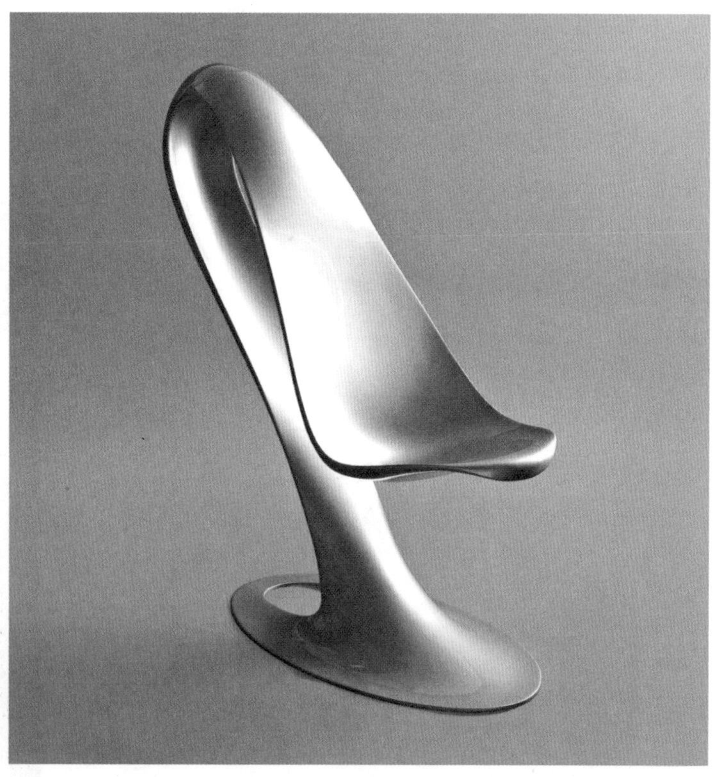

图 1-108 勺椅（Spoon Chair） 菲利普·阿杜兹（Philipp Aduatz） 奥地利

比例表现现代生活和现代科学技术的抽象艺术形式。对于产品来说，是指产品形态自身各个部分之间的比。成功的产品形态设计，首先要有良好的比例，黄金分割是全世界公认的一种美的分割方法，能求得形态各部分间最大限度的和谐。公元前500多年的毕达哥拉斯学派，从纵、横线的比例关系和从数的量变中可能已经发现了黄金分割。它指的是把长为 l 的直线段分为两部分，使其中一部分对于全部的比等于其余一部分对于这部分的比，即 $x:l=(l-x):x$。黄金分割在未被发现之前，已经在客观世界中存在，只是当人们揭示了这一奥秘之后，才对它有了明确的认识。当人们根据这个法则再来观察自然界时，就惊奇地发现原来在自然界的许多优美的事物中都能看到它，如各种贝类的螺旋轮廓线符合黄金分割关系（图1-109），当人们认识了这一自然法则之后，就把它广泛地应用于人类的生活之中。

比例与分割可以使对象产生节奏和规律美感，是突破单调、整合结构关系的常用手段。

按照一定的比例关系处理分割产品各部分的关系也是产品形态设计常用的手法。黄金分割在我们的生活环境中随处可见，如建筑的门窗；家居的橱柜、书桌；我们常接触的书本、报纸、杂志；现代的电影银幕、电视屏幕以及很多经典的产品的形态的长宽比都符合这一规律。大众公司新款甲壳虫汽车的车外造型符合优美的黄金分割椭圆的上半部分。侧窗重复了黄金分割椭圆的形状，车门在一个正方形里，符合一个黄金分割矩形，汽车外观造型的各处细节变化部分都与黄金分割椭圆和正圆相切（图1-110）。图1-111所示的扶手椅在夸张的靠背上通过采用等量分割的手法，使产品给人一种特殊的美感。

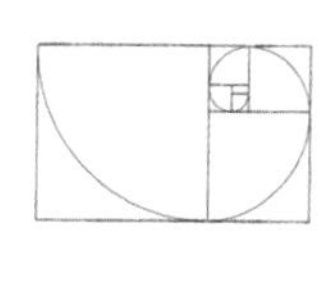

图1-109　鹦鹉螺的剖面符合黄金分割关系

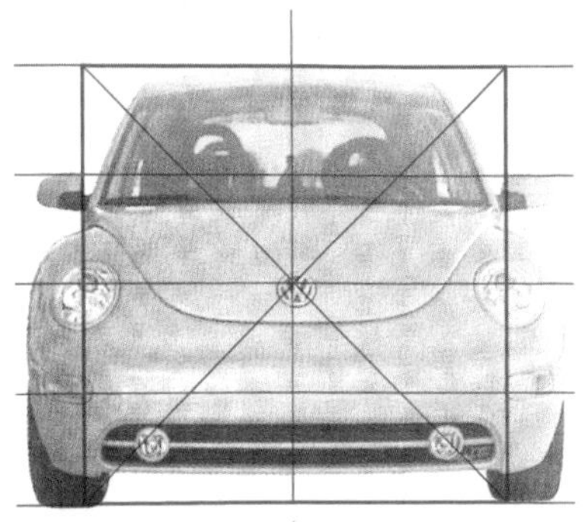

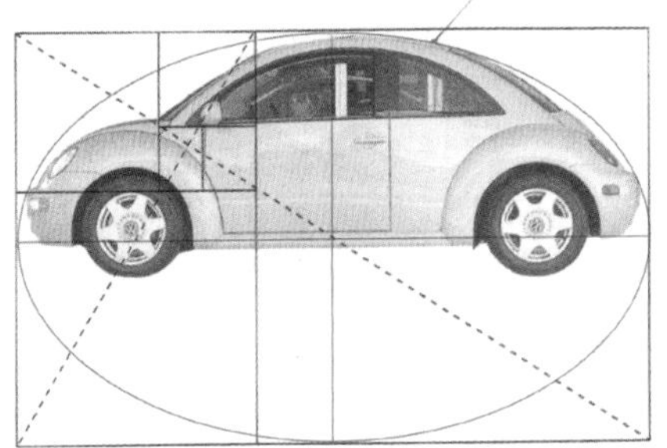

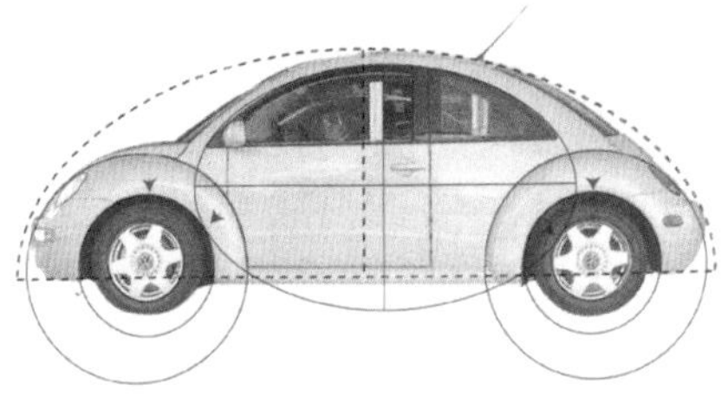

图1-110　甲壳虫汽车外形符合黄金分割椭圆的比例

图 1-111　扶手椅　马克·安格（Marc Ange）　意大利

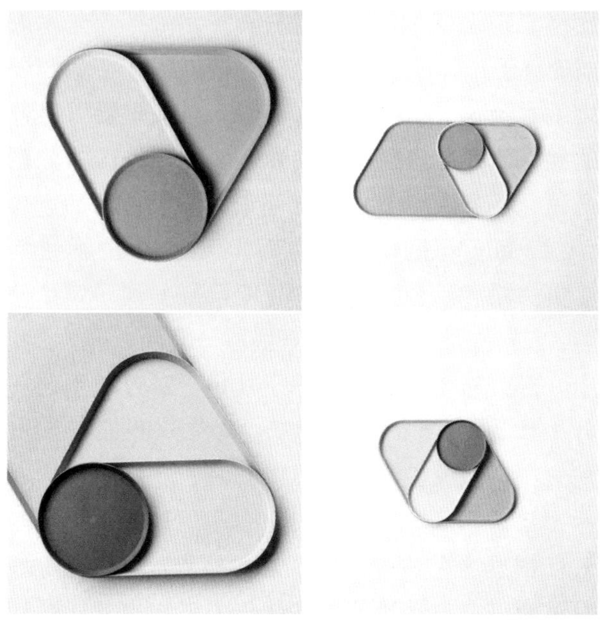

图 1-112　颜料托盘　BKID 公司　韩国

（四）对比与调和

对比是对差异性的强调，对比的因素存在于相同或相异的性质之间。

调和，即形态的各个部分之间不是分离和排斥，而是适合、舒适、安定、统一的，被赋予了秩序的状态，是对近似性的强调，使两者或两者以上的要素相互具有共性。对比与调和是相辅相成的。对比强化变化，调和重在关联。

对比与调和是取得产品形式美的重要手段之一。在产品形态设计中，把相对的两要素进行比较，可产生大小、粗细、疏密、硬软、直曲、动静、锐钝、轻重等对比关系，为避免形态有生硬不协调之感，一般采用减弱差异的方法进行调和，使每两相邻的形体之间既对比又协调。对比与调和在文具、电器、家具等产品设计中多有运用。如图 1-112 所示的颜料托盘通过统一的尺度处理，让不同几何形态的产品产生了调和关系，色彩运用了橙色和蓝色作对比，再用灰色进行调和；图 1-113 所示的桌面收纳组件用一个相同尺寸的五边形统一了各组件上不同形态的功能分区，实现了调和关系。

图 1-113　桌面收纳组件　爱华伍兹（EWART WOODS）拉脱维亚

5.节奏与韵律

节奏是指视线在时间上所做的有秩序、有规律的连续变化和运动，节奏性越强，越具有条理、秩序美。韵律则是指在节奏的基础上更深层次的抑扬节奏的有规律的变化统一。“节奏”强调的是变化的规律性，而“韵律”显示的是变化，能表现出生机勃勃的力量或发展、前进的态势和律动美。设计师在产品设计中通过恰当地运用节奏和韵律的美学规律，可以增强产品的美感，提高产品的亲和力（图 1-114 至图 1-117）。

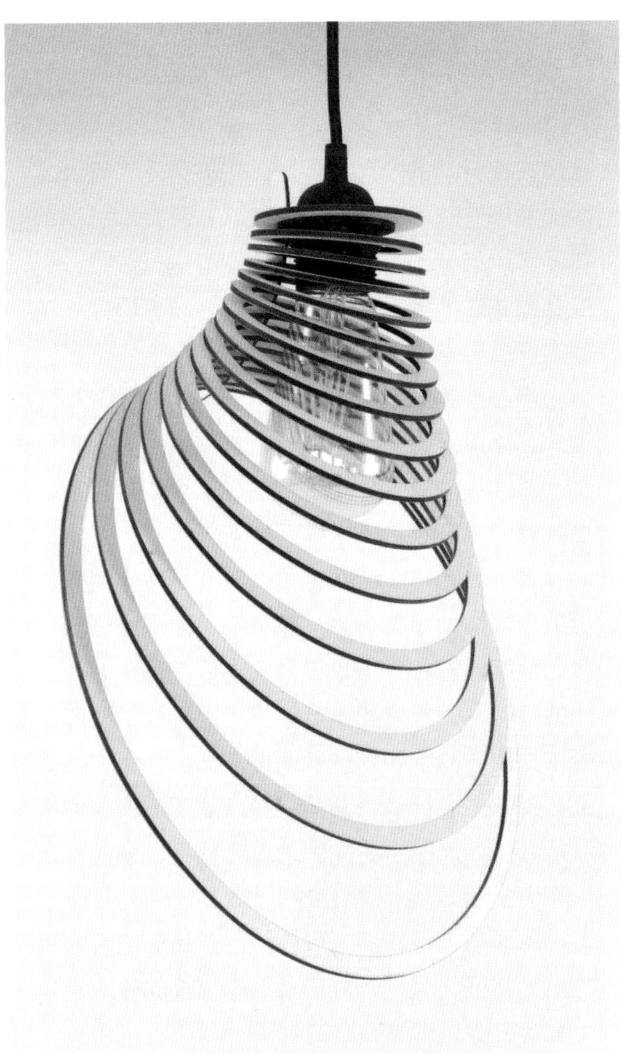

图 1-114　瑞卡（Rica）灯具　$9\frac{3}{4}$ 工作室　保加利亚

图 1-115　山丘（Hills）红酒架　布兰科公司　葡萄牙

图 1-116　皮波（Pipo）椅子　亚历杭德罗 • 埃斯特拉达（Aleiandro Estrada）　危地马拉

图 1-117　海妖吊灯　米雷·蒙蒂切利（Mirei Monticelli）　意大利

第五节　产品形态设计的基本方法

产品形态设计是一种创造性活动。严格来说，在产品形态创新设计的过程中，固定和一成不变的模式是不存在的。不同的设计师根据自身不同的经验和习惯会有不同的方法。在这里所涉及的一些形态创意设计的方法也仅仅是相对的，其目的是在产品形态创新活动中为设计师提供一个可遵循的基本规律，便于他们能较快地抓住产品形态创意设计的本质，为进一步拓展设计思路完成高品质的设计作品打下基础。下面归纳了产品形态设计的常规步骤与方法以及产品造型处理的常用方法。

一、产品形态设计的常规步骤与方法

（一）形态分析：通过分析洞察，设定合理的形态设计方向

产品设计是一种目的性非常明确的创造性活动。针对什么样的问题，设定什么样的目标，在产品设计工作中起到基础性和决定性的作用，是影响设计成功与否的关键因素。在设定设计目标时很重要的一点就是要明确产品形态风格的定位。产品设计师在进行产品形态设计前，应该首先对设计定位中的品牌策略、目标市场定位、产品功能、消费群体及其风格特征等一系列具体要素进行统计分析，以及围绕这些要素的深度剖析，并依据研究结论来确定产品形态设计的基本方向。

产品形态设计不能背离其品牌的形象及核心理念，因此设计师首先要分析产品的品牌形象及理念，总结品牌形象作用于产品形态风格的因素，为后续确定产品形态风格打下基础。

对产品的市场目标定位，尤其是使用对象、目标消费群体的审美趣味、竞争产品的基本概况等内容的深度理解和分析是设计师做好产品形态设计工作的基础。基于这些信息，设计师能找到形态创意的依据或建立参照系。在明确产品目标定位的基础上，要依据目标消费群体的特点、相关产品的市场流行趋势和产品所属品牌的风格特征，来建立产品形态分析定位坐标系（图 1-118）。通过分析市场上产品形态流行趋势，可以得出产品形态可能具备的风格特征，最终确立产品形态风格的基本走向。（教学资源见末尾勒口二维码）

用户需求决定产品形态风格的基本特征和形

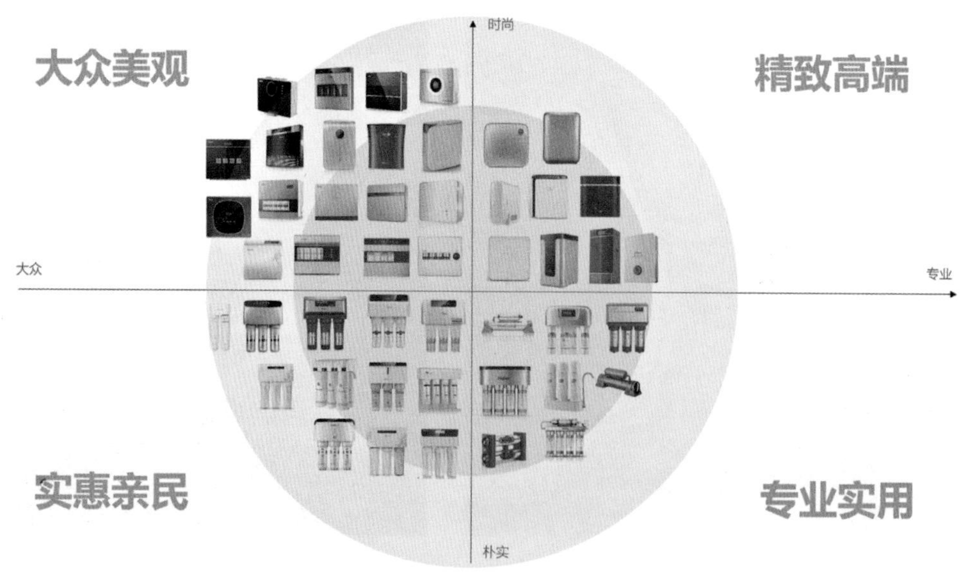

图 1-118　净水器产品形态风格比较分析坐标图

图 1-119　男性用品突出了阳刚力量感，而女性用品则显得柔和温馨

态风格。同时产品形态还受产品属性、成本、技术条件、加工工艺等因素的影响。例如，在产品属性方面，老年人用品稳重温和，儿童用品活泼可爱，男性用品充满了阳刚气息，而女性用品则柔和温馨（图 1-119），它们在产品的形态风格上就呈现出明显的不同。

设计师需要充分考虑多方面的因素，合理分析产品形态所对应的外观和功能如何同时满足用户对物质和精神两方面的需求。设计师还可以结合产品特定的使用对象功能和使用环境探索产品形态设计的具体策略，最终优化产品用户体验。

（二）形态推敲：发散构思产品形态，通过对比、分析、验证，确定最平衡的产品形态

在前期调研分析得出产品形态风格走向后，设计师需要借助草图、简易模型、三维比例细节推敲等方式，完成产品的形态设计工作。产品形态的推敲过程是设计者创造性思维过程的具体体现，产品形态推敲是一个持续创新、自我否定、逐步迭代的过程，过程中可以根据需要建立一个产品形态设计的评价维度，来保障结果与目标的一致性。设计师可以研究产品的结构与功能，推敲结构细节，探讨使用方式、人机尺寸、使用环境，并借助草图、模型等形式进行快速对比、分析和验证，探索出最符合设计方向和满足限制条件的产品形态。图 1-120 为灯具产品形态草图推敲的过程。

除了从产品结构和功能出发探索多种形态的可能性，设计师还可以从使用环境、文化等方面进行更加深入的推敲和探索。例如，可以思考：在家居环境中产品可以以怎样的形态更好地融入环境？又如，围绕黄河做相关文创产品设计，考虑到黄河的文化元素是与水相关的，那么产品可能呈现一种律动、曲线的形态。

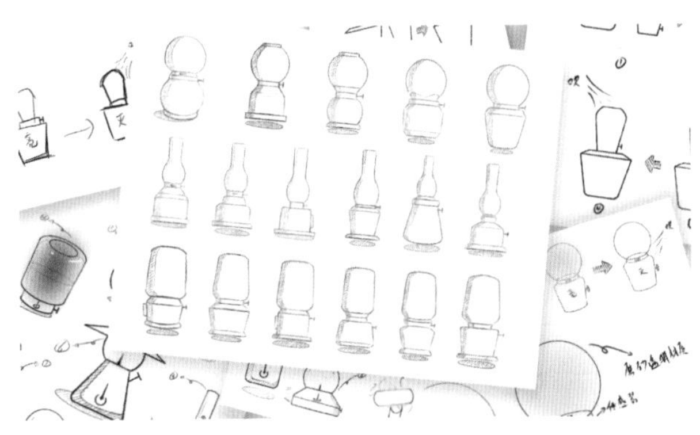

图 1-120　灯具产品形态草图推敲　刘成文　杨淳指导　广东轻工职业技术学院

（三）形态完善：完善产品形态设计最终效果

在确立了产品基本形态的基础上，要抓住影响形态的决定因素，进一步塑造完善产品的整体形态。

完善产品形态设计重点是要对影响产品形态的各种主客观因素进行系统的比较对照，按影响程度的深浅进行排序，找到问题的关键点，确定影响形态的决定因素。针对决定因素进行反复推敲，在充分尊重生产技术、材料工艺等客观因素要求的基础上，利用相关设计知识和技巧，围绕设计师的创意目标，来逐步完善产品的整体形态。

完善产品形态设计的目的，是要为产品找到一个可生产落地、具备鲜明个性特点的最终形象。这就要灵活运用各种手段，依据生产技术可行性要求，来反复检讨与推敲产品的形态，在符合产品设计目标定位与具备鲜明个性特点之间达成一种平衡。例如，为了让人们在使用灯具的过程中勾起对从前旧物的美好记忆，给予他们一个情感的寄托及共鸣。例如，图 1-121 所示的怀旧系列灯具设计提炼了传统煤油灯的抽象形态特征，结合以前的三种使用方式（用火柴点灯、调节灯芯控制亮度、吹灭灯光）进行再设计，经过不断推敲完善细节，使这套灯具的形态既简约有带有传统煤油灯的文化气息，形态特征鲜明。

图 1-121　怀旧灯具　刘成文　杨淳指导　广东轻工职业技术学院

二、产品造型处理的常用方法

产品造型通常是指产品的外观形态和设计风格，包括产品的线条、比例、表面处理等方面。它强调产品的视觉表现和美学特征，旨在给用户带来良好的视觉体验。也就是说，产品的造型是产品形态设计理念借以传达、阐释的视觉化表象。而产品形态则更加综合，它包括产品的外观、结构、功能和材料等方面。产品形态的设计不仅考虑产品的外观特征，还关注产品的内部结构、功能布局以及材料选择等。产品形态的设计旨在实现产品的功能需求，提供良好的用户体验，并符合品牌定位。产品造型和产品形态是紧密相关的概念，它们在产品设计领域常常被同时讨论和考虑。

进行产品形态设计时，产品造型处理的方法和实用技巧也有许多，下文将介绍五种常用方法。

（一）仿生法

大自然是人类创新的源泉，自然界有极为丰富的形态。万物之形，是人们创新的原动力。在设计产品的造型时，设计师可以通过模仿某种生物的结构和形态，达到创新的目的。仿生设计并不是对自然对象形态的简单模仿，而是根据一定的目标，经过反复观察研究和设计，为产品设计提供一种有价值的解决思路。因此在模拟生物有机形态时，设计师必须加以概括、提炼、强化、变形、转化、组合，从而使设计源于自然，超越自然。如图 1-122 所示，树枝（Twig）系列沙发提取了分叉的树枝的形态进行仿生设计，沙发分叉的交会点鼓励人们的社交互动，同时为生活增添了自然的感觉。

图 1-123 是意外设计公司设计的蜻蜓扩香器，造型灵感来源于蜻蜓，把它随意地停放在家中的任何角落，只要在蜻蜓尾部滴上几滴香薰精油，伴随着蜻蜓尾部的微微颤动，精油的芳香便会在实木制作的翅膀中慢慢渗透出来。

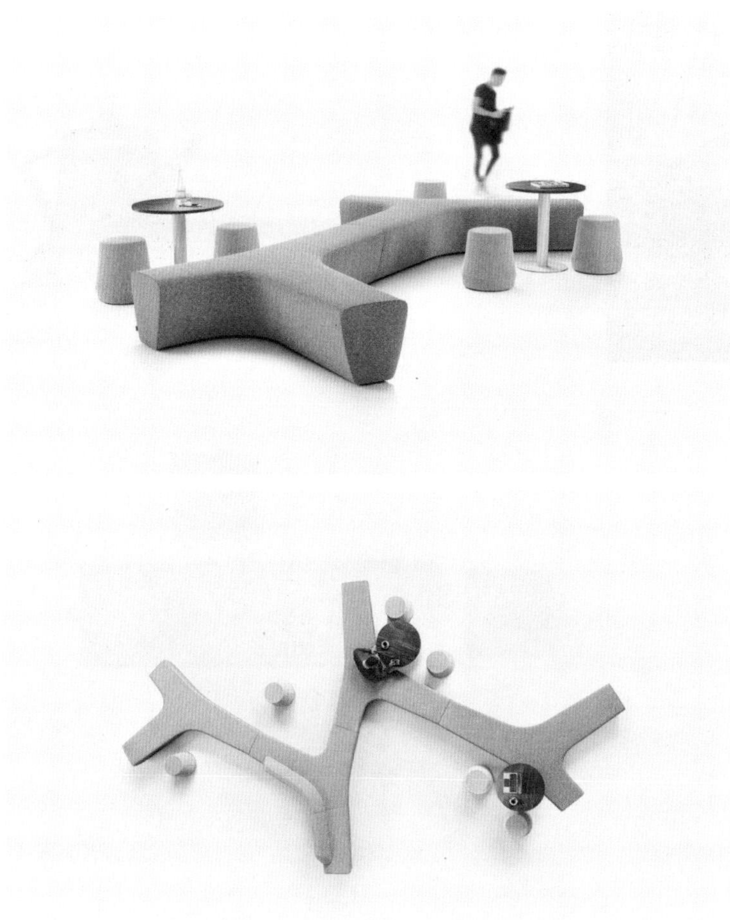

图 1-122　树枝（Twig）　系列沙发　亚历山大·洛特斯坦（Alexander Lotersztain）　澳大利亚

图 1-123　蜻蜓扩香器　意外设计公司

（二）主题演绎法

产品造型的主题演绎法是指设计师以给定的某个主题包括建筑、图形或知识产权（Intellectual Property，以下简称"IP"）形象为出发点，提取其中的视觉元素，通过一定的规则进行推演，从而得到最终的产品形态。其中，IP 指一种能够融合作品、形象、故事等多元素且具有影响力、能支持管理的知识产权。图 1-124 和图 1-125 为关山月美术馆的文创产品，设计师以博物馆的建筑形态为主题，融合了画廊屋顶、中庭和俯视图的形状。此外，它还使用关山月美术馆的名称作为元素：山为三角形，月为圆形，正方形代表博物馆。茶具中三个杯子和配套杯垫的纹样都分别采用这些形状来设计。

（三）变异法

变异，即改变的意思，运用到产品形态设计中就是对现有形态进行改变及优化，在基本形态（如长方体、圆柱体、球体等几何形体）的基础上进行二次塑型，也是造型的一种手段。变异的方法常用的有分割、加减、挤压、肌理、扭曲等。

分割是指对基础形态进行分割处理，在保留基本形态特征的基础上，只是为了功能或美学需求划分出几个区域。图 1-126 所示的灯具通过对球形的分割，上半部分成了灯罩，既产生了丰富的视觉效果，又保留了球体的整体形态。

加减是指对现有形态进行加减处理，赋予形态特定功能或美学需求。图 1-127 所示的灯具是加法造型，把半球和铅笔圆锥体组合在一起变成一个整体；图 1-128 所示的椅子是减法造型，设计师将

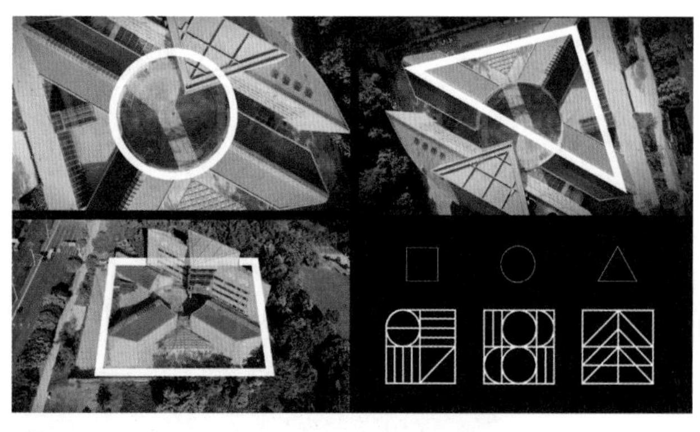

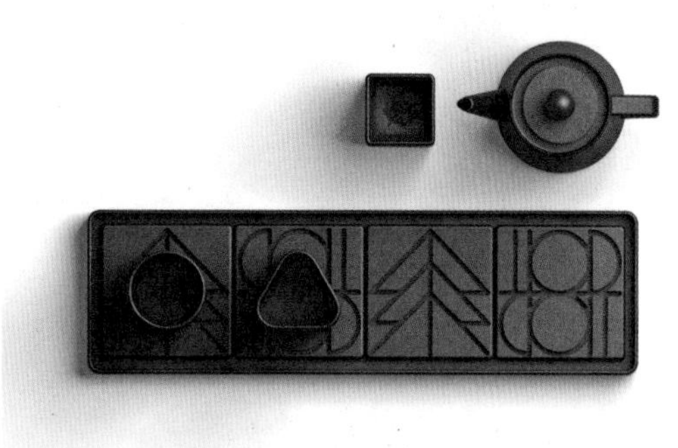

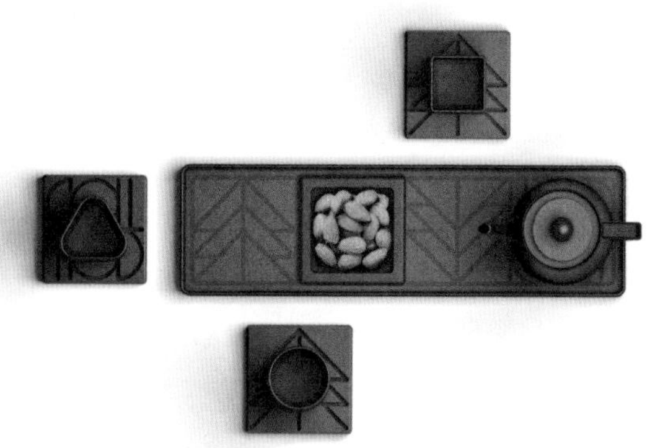

图 1-124　关山月美术馆文创产品及图形构思　深圳呈美设计有限公司

图 1-125　关山月美术馆文创产品　深圳呈美设计有限公司

图 1-126　太阳吊灯　伯特兰·巴拉斯（Bertrand Balas）　法国

图 1-127 阿托洛（Atollo）台灯 维柯·马吉斯特雷蒂（Vico Magistretti） 意大利

软木切割后与织物组合，构成个性的模块化的单元体。

挤压是指对基础形态进行凹凸处理，给人有序的层次感，可以用作功能分区划分或提升产品美感，如图 1-129 所示的时钟，在一个平面上挤压出一个凹凸的球形钟面，既突出了功能区又丰富了产品形态。

肌理是为产品表面增添纹理，多为产品表面处理阶段丰富产品造型及工艺的处理手法，图 1-130 所示的茶花套碗就运用了渐变的条纹肌理，让形态普通的碗变得非常个性。

扭曲是指对基础形态进行扭曲、弯变等处理，使之形成一种新的形态，常具备丰富的曲线，给人流畅、动感的视觉感受（图 1-131）。

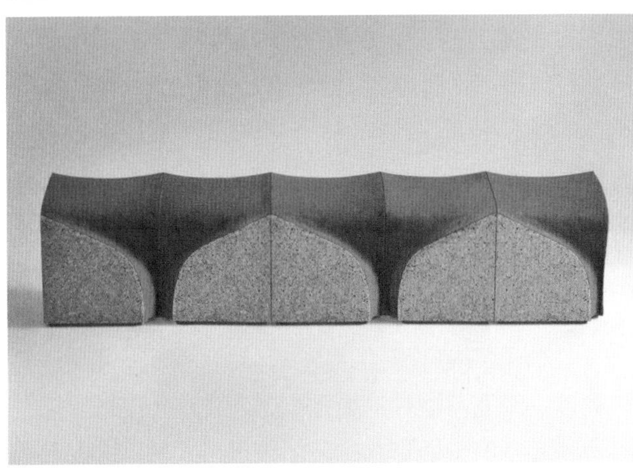

图 1-128 腐蚀椅子 亚历山德罗·伊索拉（Alessandro Isola）意大利

图 1-129　火山口时钟（Creater Clock）
BridgE 设计公司　日本

图 1-131　旋转的灯具　Raw Edges 工作室　以色列

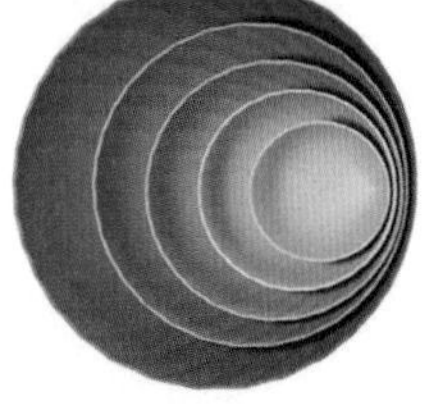

图 1-130　茶花套碗　北京造化科技有限公司

（四）模块组合法

模块组合法是指设计多个独立的子单元或模块，通过组合形成多样化的造型设计。模块组合法的设计思路可以为产品带来形态、色彩、功能等个性化的定制，也可以满足生产的规模化、运输的便利性，零件互换、替换也可以带来创新性和环保性。如图 1-132 中的模块化沙发，沙发的模块可以按需求组合成线性、交叉、流动等多种形态，从而满足不同的功能和审美需求。图 1-133 中的加拉拉女士（Lady Galala）吊灯的名称来自埃及的加拉拉山地区，设计师运用该地区不断变化的地形结构，设计了一款彩色的模块化吊灯，使用者可以根据需求从不同颜色和直径的灯罩中选择三个模块自行组合，创造出不同的灯光氛围。

（五）卡通法

卡通风格形象是经过设计师处理，具有表现意味、带有叙述性的造型。卡通法在造型设计中的运用是指将卡通形象的艺术设计形式融入产品造型中，使产品具有活泼、喜悦、亲切的情感特征，为人们增添生活情趣。卡通法常用于日用品、小家电和数码产品的设计中，造型上通常具有圆润、可爱、“呆萌”、柔和、温馨的特质。例如，图 1-134 中的儿童水杯用河马的可爱造型，让水杯成为小朋友的玩伴和装饰品，有趣的卡通造型让小朋友能爱上喝水。同时，河马造型的水杯可以放倒或竖立，让小朋友在放置时能放稳不洒水，有一定的功能性。又如，图 1-135 中的趣味电话玩具就运用小恐龙的卡通形象作为产品整体的造型元素，造型风格圆润活泼。小恐龙的背棘是用食品级牙胶制作的，设计了三种啃咬纹理，照顾了小朋友喜欢啃玩具的习惯，便于缓解他们出牙时的酸痒。

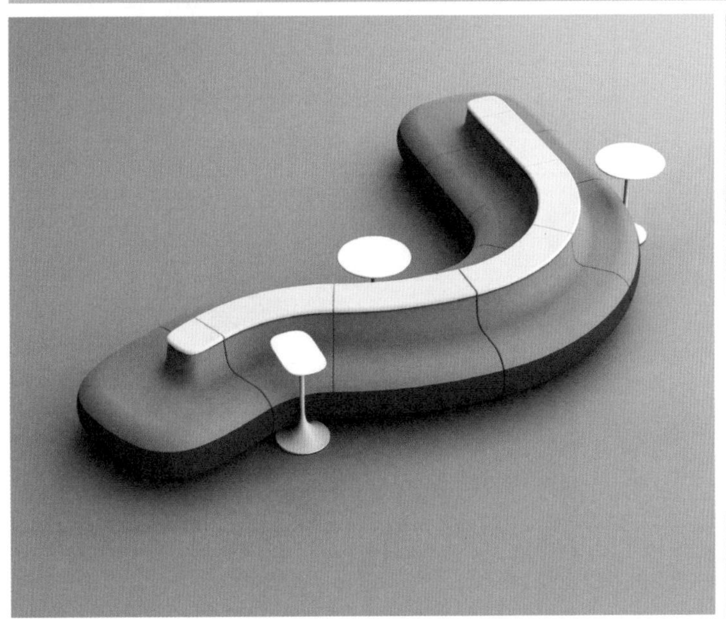

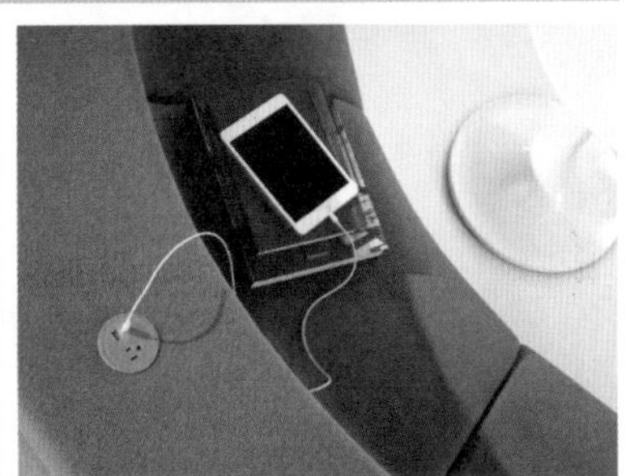

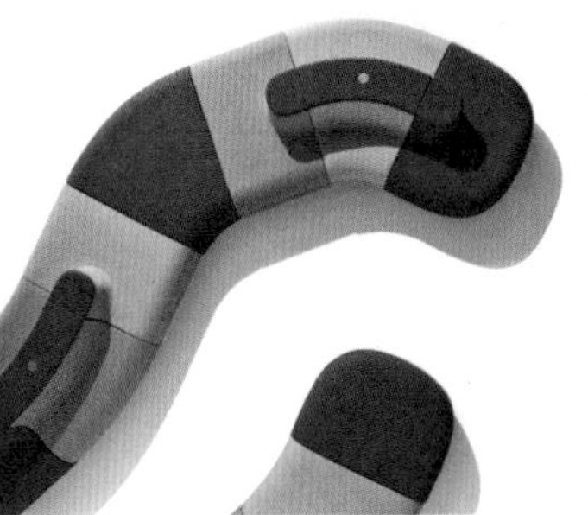

图 1-132　伊斯拉双面（Isla Double）模块化沙发　科兹 - 苏萨尼（Koz Susani）设计工作室

图 1-133　加拉拉女士（Lady Galala）吊灯　马丁内利·卢斯（Martinelli Luce）　意大利

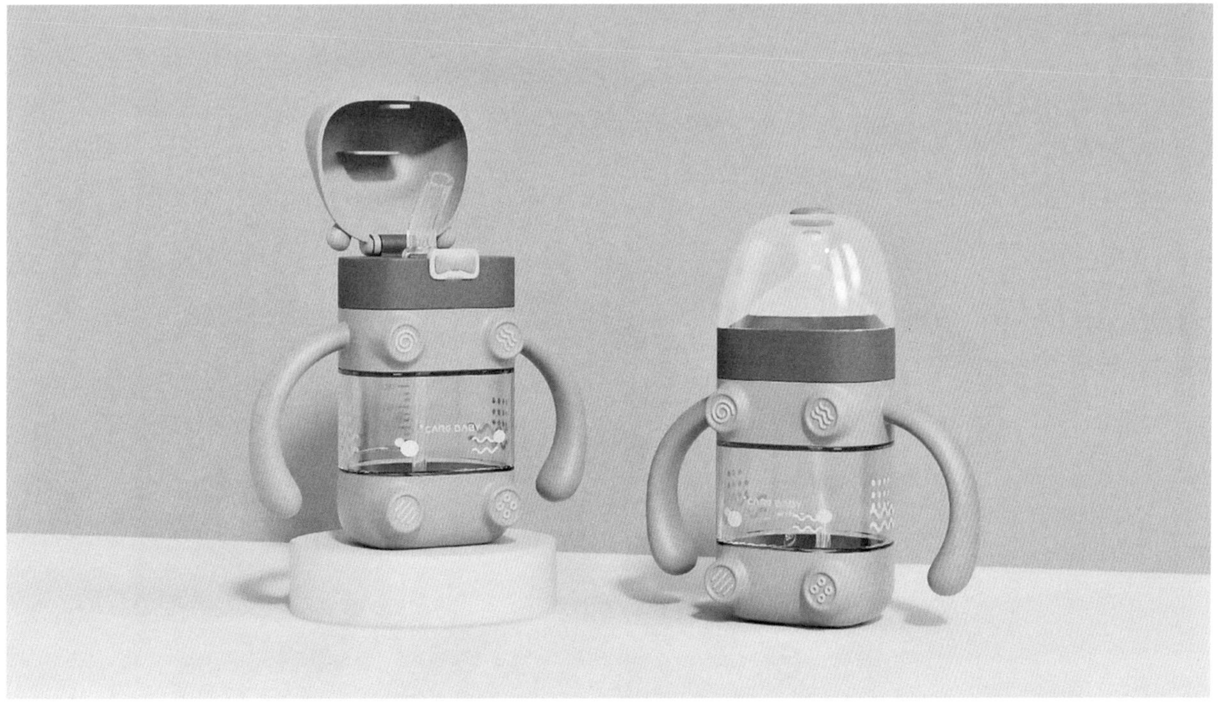

图 1-134　七彩鹿萌宠儿童水杯　上善设计

图 1-135　儿童仿真多功能电话玩具　树工业设计

第二章　设计与实训

第一节　项目范例一：生活用品形态设计

第二节　项目范例二：穿戴式设备形态设计

第三节　项目范例三：文创产品形态设计

第二章　设计与实训

本章概述

本章主要依据职业岗位对产品形态设计方面的职业技能要求来设定实训项目的具体任务，主要介绍产品形态设计的完整流程以及相关知识点，选取“生活用品、穿戴式设备、文创产品”三类典型产品设计项目进行实战介绍，目的在于兼顾完整流程训练的同时，考虑到产品类型差异所带来的不同侧重点，让学生通过对问题、类型以及文化多角度的关注和训练，较为全面地掌握产品形态设计的方法和技能。在第一节中，我们将学习生活用品形态设计的典型案例，了解产品功能、结构和材料工艺与产品形态的关系，并通过“奶爸爸翻盖奶瓶”实战案例加深对于产品形态设计流程的理解。在第二节中，我们将学习穿戴式设备形态设计的典型案例，了解技术、人机关系和环境与产品形态的关系，通过学习“几素挂脖小风扇”掌握可穿戴式设备形态设计的要点。在第三节中，我们将学习文创产品形态设计的典型案例，了解文化的特性、文化影响产品形态的作用方式和文创产品文化内涵的常见表达方式，并通过“开门纳福新年礼盒”项目学习文创产品形态设计的要点。

学习目标

了解产品功能、结构和材料工艺与产品形态的关系。

了解技术、人机关系、环境与产品形态的关系。

了解文化的特性、文化影响产品形态的作用方式和文创产品文化内涵的常见表达方式。

掌握依据目标选择适当的调研方法，进行用户需求、竞品分析，明确产品的形态设计定位的能力。

掌握运用手绘草图、模型、计算机辅助设计准确表达产品外观形态的创意能力。

第一节　项目范例一：生活用品形态设计

生活用品又名日用品，是指与大众生活关系密切的必需品，按照用途划分为洗漱、厨卫、家居、装饰、化妆用品等，生活用品作为人们日常生活的重要组成部分，其设计的品味和质量体现着消费者个人品味和生活品质，关乎满足人们对美好生活的向往，为广大设计师提供了一个施展创意才华的广阔空间。

一、项目要求

（一）项目名称

生活用品形态设计。

（二）项目介绍

设计来源于生活，设计师要关注细节，研究消费者的行为特征，发现生活中存在的问题，为提升生活品味和品质提出创造性的解决方案。本项目通过生活用品全流程的设计实训，侧重于“形态分析→形态推敲→形态完善”的形态设计方法训练，使学生掌握生活用品形态的设计要点和方法，设计出外观造型符合社会审美趋势、满足用户需求、具备市场竞争力、富有创新性的生活用品。

（三）实训内容

根据企业提供的生活用品类真实项目的具体要求，进行形态创新设计。

（四）实训目标

知识目标：了解影响产品形态设计的相关因素，掌握产品形态设计的基本原则，掌握生活用品形态设计的程序与方法。

能力目标：通过训练，掌握生活用品形态设计的专业技能。

思政目标：培养学生以人为本的设计思维，培养工匠精神、团队精神，助力高质量发展。

（五）重点

深入了解用户的需求和行为习惯，并通过竞品分析，明确生活用品形态风格定位。

兼顾功能性和美学特征，学习如何在满足产品功能需求的基础上，通过形态设计来提升产品的吸引力和用户体验。掌握生活用品形态设计的方法。

（六）难点

学会用市场调研和趋势分析来找到创新的机会，通过独特的设计理念和差异化的产品形态来吸引用户。

学会考虑材料的选择和制造工艺的应用，学习不同材料的特性、可塑性和环保方面的性质等，以及不同制造工艺的优缺点，并选择合适的材料和工艺，设计出具备商业价值的符合落地生产要求的解决方案。

（七）作业要求

制作调研 PPT1 份，输出产品调研结论和产品形态定位方向。

绘制基础形态创意草图 20 个、整体形态创意草图 20 个，探索符合形态定位方向和满足用户需求的产品形态。

制作简易模型 3 个，探索符合用户需求的产品结构。

绘制多角度形态推敲草图 30 个，推敲多角度形态、二维比例和使用细节等。

制作草模 5 个，进一步推敲结构细节，探讨使用方式、人机尺寸、使用环境等。

制作三维建模模型文件 1 个，完成产品的三维呈现。

制作产品效果图、使用状态图多张，展示产品的最终效果、应用场景和使用状态等。

制作外观打样模型 1 个，呈现产品的实物效果。

总结梳理最终的汇报 PPT 一份，展示设计过程与设计成果。

（八）整体作业评价

创新性：设计概念创新。

美观性：产品的外观造型设计符合社会审美需求。

完整性：问题的解决程度、执行及表达的完善度。

可行性：方案应具备市场价值以及实现的可行性。

（九）思考题

设计师如何通过设计创新践行“人与自然和谐共生”的可持续发展设计理念？

二、设计

（一）企业产品

产品名称：棉感高密万根软毛牙刷、剑玉中性笔

品牌：名创优品

设计解码：名创优品成立于 2013 年，是一家以设计研发为驱动、线上线下共同发展的新零售企业。随着在全球市场的持续深耕以及对消费者的深入洞察，名创优品于业内首次提出“兴趣消费”概念，不断通过“IP 联名、优秀设计、黑科技”赋能产品创新，面向全球市场推出“好看、好玩、好用”的产品，极力满足消费群体的物质追求与情感价值。

名创优品的这款棉感高密万根软毛牙刷（图 2-1）采取加宽圆弧刷头，拓宽刷毛洗漱面积，刷头植入 0.1 毫米丝径羽柔高密度刷毛 10000 根，起泡高，清洁力加倍，让口腔得到深入清洁。万根软毛牙刷为确保刷毛稳固植入，对刷头弧度、厚度有一定要求。设计师经过多次调整，寻找到刷头弧度与厚度的最优解，圆润的刷头设计减少棱角，大大降低刷牙时口腔的异物感。刷柄弧度配合使用时握持角度，独特布置防滑硅胶垫位置，利用软胶特性增加拿捏阻力防止洗漱时打滑。同时，硅胶与刷柄衔接处采用无细缝设计，提升牙刷握持手感，同时不易藏污纳垢，避免细菌滋生。

剑玉中性笔（图 2-2）的设计灵感来源于传统玩具——剑玉。笔帽与笔身之间通过一根弹性材料连接，使笔帽与笔身永远连接在一起，这样笔帽就不容易丢失。而弹性材料更加能把笔身与笔帽紧紧锁住，实现自锁功能，让笔放在包中也不会轻易与笔帽分离。剑玉的概念为书写者增添了一份甜蜜与乐趣。

以上的两个产品很好地诠释了名创优品“好看、好玩、好用”的品牌理念。

产品名称：可自由更换配件的环保厨房刀“极”系列

品牌：阳江川页艺术设计有限公司

设计解码：“少，却更好”是川页设计的核心设计理念。川页设计秉承“追寻心作，传承美学”的企业理念，通过设计语言去平衡艺术与商业的交汇，把客户的企业战略纳入设计考量。

“极”系列产品（图 2-3）是一套可更换手柄的厨房刀，用于厨房烹饪。用户自己组装的方式让刀具更有个性，可更换配件的方式也减少了金属资源的浪费。当某个零件损坏时，用户只需单独更换坏的零件。外观用极简的几何线条配合镂空，让刀具更具现代设计感，还能达到合理减轻产品重量的目的。刀具采取一刀多柄的设计，配合多种颜色花纹，这种个性化设计可以满足不同人对美的需求。刀具通过数控加工机床（CNC）进行全自动化精工生产，极大减少独立配件的误差，以达到普通消费者就能组装的目的。产品附赠的多功能配件在安装完刀具以后还能继续用于日常使用。该产品已获 2023 年 IF 设计奖。

产品名称：水瓶、室内香氛

品牌：无印良品

设计解码：无印良品是一个日本杂货品牌，在日文中意为无品牌标志的好产品。无印良品的产品

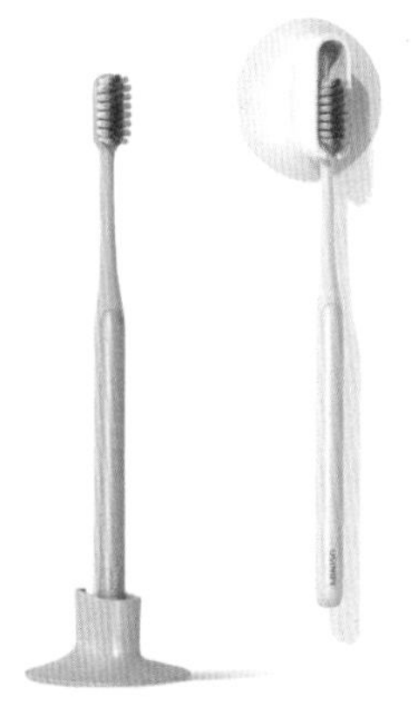

图 2-1　万根软毛牙刷　名创优品

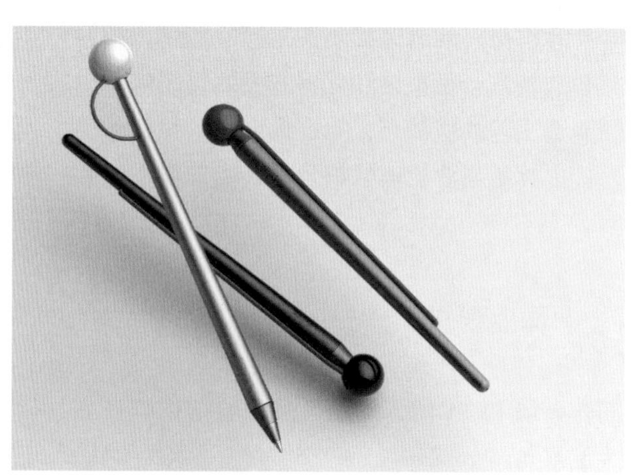

图 2-2　剑玉中性笔　名创优品

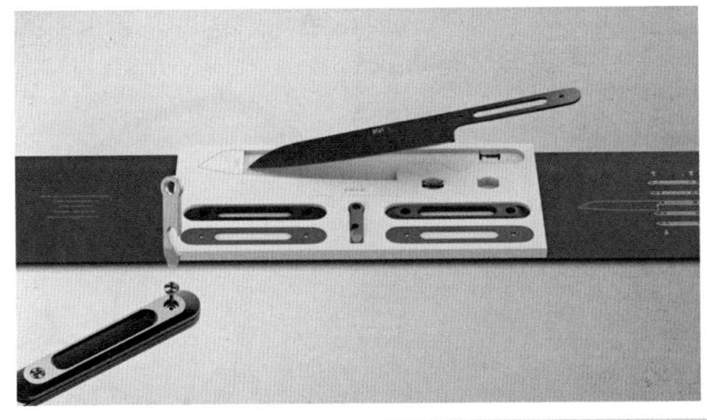
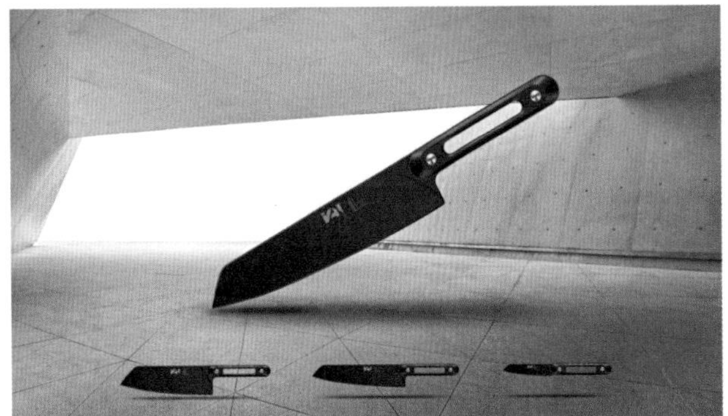
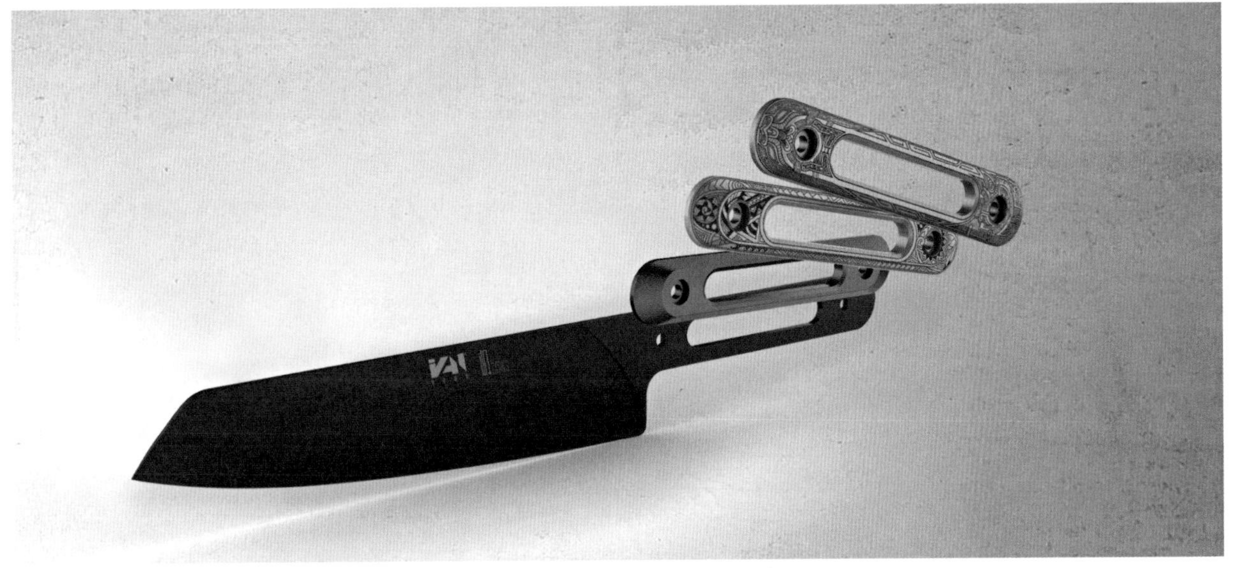

图 2-3　可自由更换配件的环保厨房刀“极”系列　苏志勇

注重纯朴、简洁、环保、以人为本等理念，在包装与产品设计上皆无品牌标志。虽然极力淡化品牌意识，但它遵循统一设计理念所生产出来的产品无不诠释着“无印良品”的品牌形象，它所倡导的自然、简约、质朴的生活方式也大受有品位人士推崇。

无印良品的水瓶（图 2-4）扁平的透明瓶身上印了一个巨大的“水”字，蓝色的极细线条看上去非常清爽。瓶口较大，方便冲泡饮品和清洗，瓶身的扁平化设计也方便携带。瓶子的易用性增加用户的使用率，减少一次性的消费。

香氛产品（图 2-5）的形态以实验室中的玻璃器皿为灵感设计。整体采用了透明材质，没有过多的点缀，以简洁的形式展示产品。包装设计则是采用了木色材质，表面也只是简单的两三行文字信息，版式干净整洁。中部以产品形态轮廓进行了镂空设计，以此来清晰地展示产品本身。

产品名称：餐盒（Food à porter）、黑曜石（Ossidiana）摩卡壶

品牌：阿莱西（Alessi）

设计解码：阿莱西成立于 1921 年，被冠以“设计工厂”“梦想工厂”等美誉，旨在创造有趣和令人向往的日常物品，美学、功能和质量，在文化和情感维度中找到平衡。阿莱西公司革新了大众看待家庭用品的方式，把生产满足实用需求的产品转化为创造革新的、多彩的、巧妙的、实用的产品。

餐盒（Food à porter）（图 2-6）小巧但用途多，内部被分为三层结构，含有两个分隔盖，用户可以根据当天的食物来调整内部空间。这款便携式饭盒看起来不像饭盒，更像是一种精致的时尚配饰。它是一款功能性和美观兼具的设计单品，让用户像拎手提袋一样带它出门。

黑曜石（Ossidiana）摩卡壶（图 2-7）雕塑般

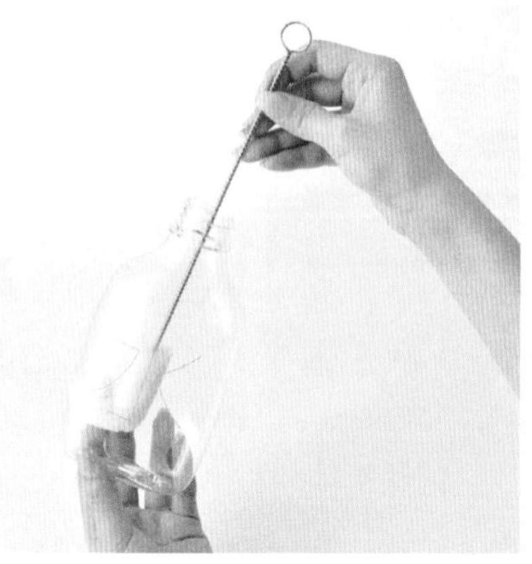

图 2-4　水瓶　无印良品（MUJI）　日本

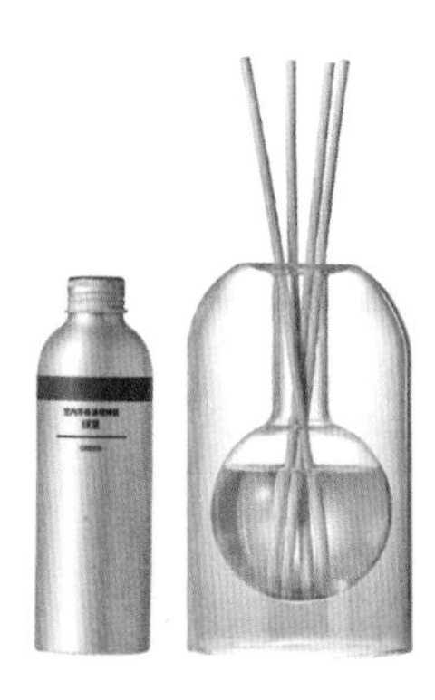

图 2-5　香氛　无印良品（MUJI）　日本

图 2-6　餐盒 (Food à porter)　阿莱西（Alessi）　意大利

的形态摆脱了一般摩卡壶的工整形象，令人联想到劈砍的木材或岩石。设计师在雕塑艺术中获得灵感，将圆柱体摩卡壶不断雕刻削减，终于创作出宛如一颗切割的黑曜石般神秘的摩卡壶。壶盖上设计有热塑树脂的长钮，方便开关壶盖，避免烫伤，壶盖内部有冷凝收集片，引导壶盖内侧冷凝水流入集水室，热塑把柄握持有力，方便取用。

图 2-7　黑曜石（Ossidiana）摩卡壶　阿莱西（Alessi）　意大利

（二）学生作品

作品名称：水果记忆

设计师：林敏仪

设计解码：记忆中我们对事物的认知都是从小时候开始的，该产品（图 2-8）围绕水果和文具之间的关联创造出足以引起共鸣的小设计。例如：饱满多籽的石榴和磁吸图钉套装结合，柠檬和涂改液结合，香蕉和胶水结合。（教学资源见末尾勒口二维码）

作品名称：笔袋系列

设计师：黄海华

设计解码：该产品（图 2-9）是一系列的硅胶笔袋。主要是针对随手乱放笔造成的丢笔或寻笔现象，将笔袋与笔筒相结合设计的一系列笔袋，通过圆孔、条形槽、U 形凹槽的形态语义提醒人们拿出来的笔在不用时，可以将笔插或放在笔袋上，既可以减少丢笔或寻笔的困扰，又可以节省桌面空间。

作品名称：叫我盆栽相机

设计师：黎秉霖

设计解码：好奇是儿童的天性，设计师希望通过相机来观察和记录微型植物的生长过程，并能将植物作为前景来让儿童拍摄有趣的照片，给儿童带来特别的摄影体验。植物栽种装置可以拆卸下来单独挂在墙面上。产品形态圆润中带有个性，色彩柔和（图 2-10）（教学资源见末尾勒口二维码）。

作品名称：浴缸肥皂盒设计

设计师：陈思婕

设计解码：浴缸肥皂盒将肥皂的包装及肥皂盒两种功能进行整合，将覆盖在肥皂盒表面的纸质盖子撕开后，原本作为包装盒的小浴缸即可作为肥皂盒使用。盖子左上角的开口提供从左上角揭开盖子的指示，并且可供顾客通过气味挑选肥皂。肥皂分为四款，分别是牛奶味、薄荷味、白桃味、香橙味。肥皂盒底部开口可排出积水（图 2-11）。

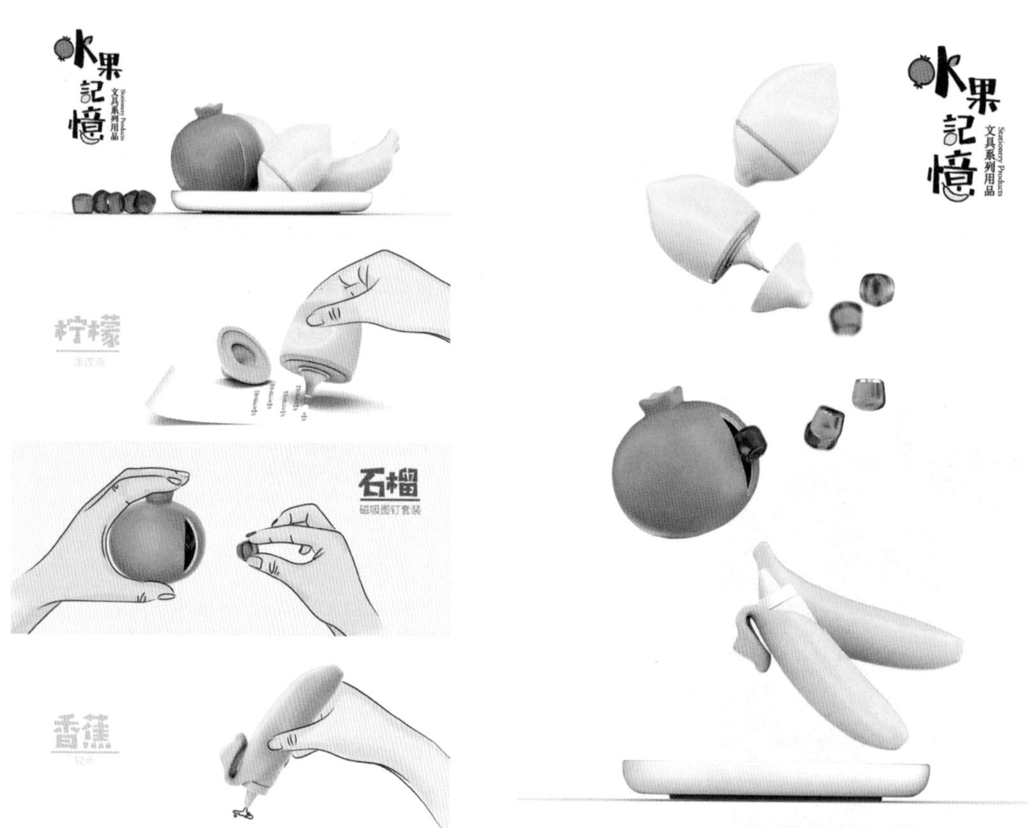

图 2-8　水果记忆　林敏仪　杨淳指导　广东轻工职业技术学院

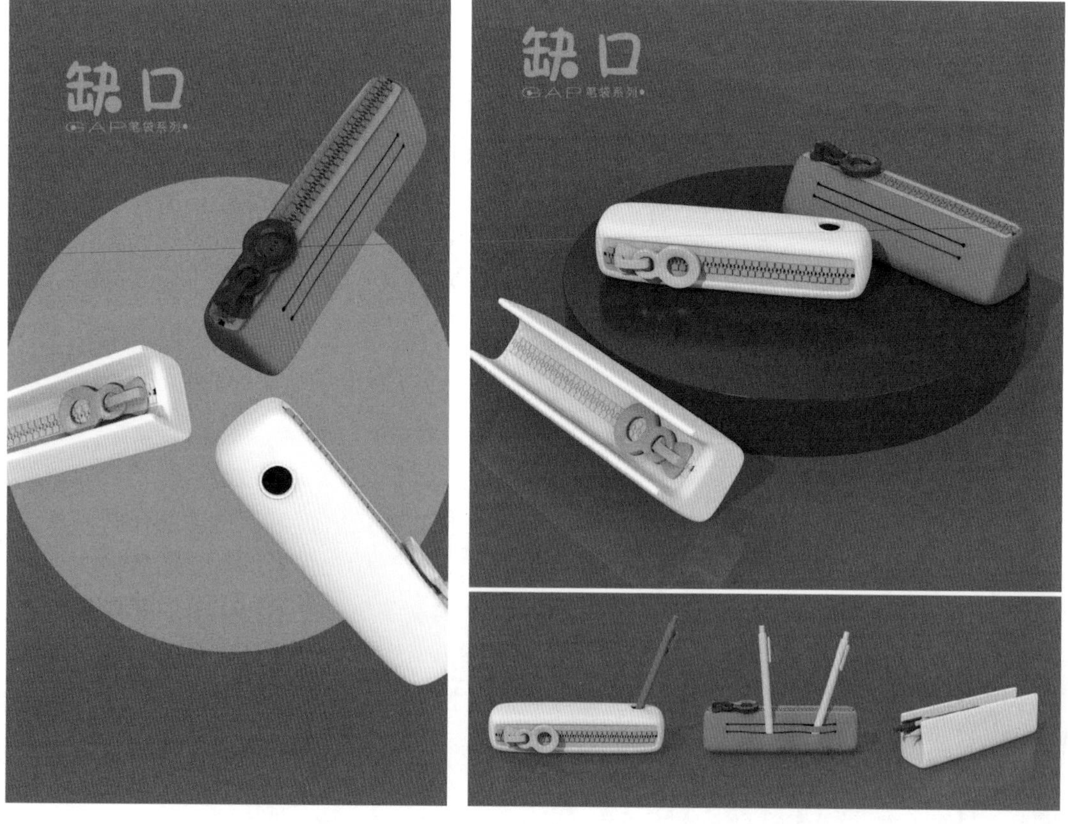

图 2-9　笔袋系列　黄海华　柳翔宇指导　广东轻工职业技术学院

图 2-10　叫我盆栽相机　黎秉霖　柳翔宇指导　广东轻工职业技术学院

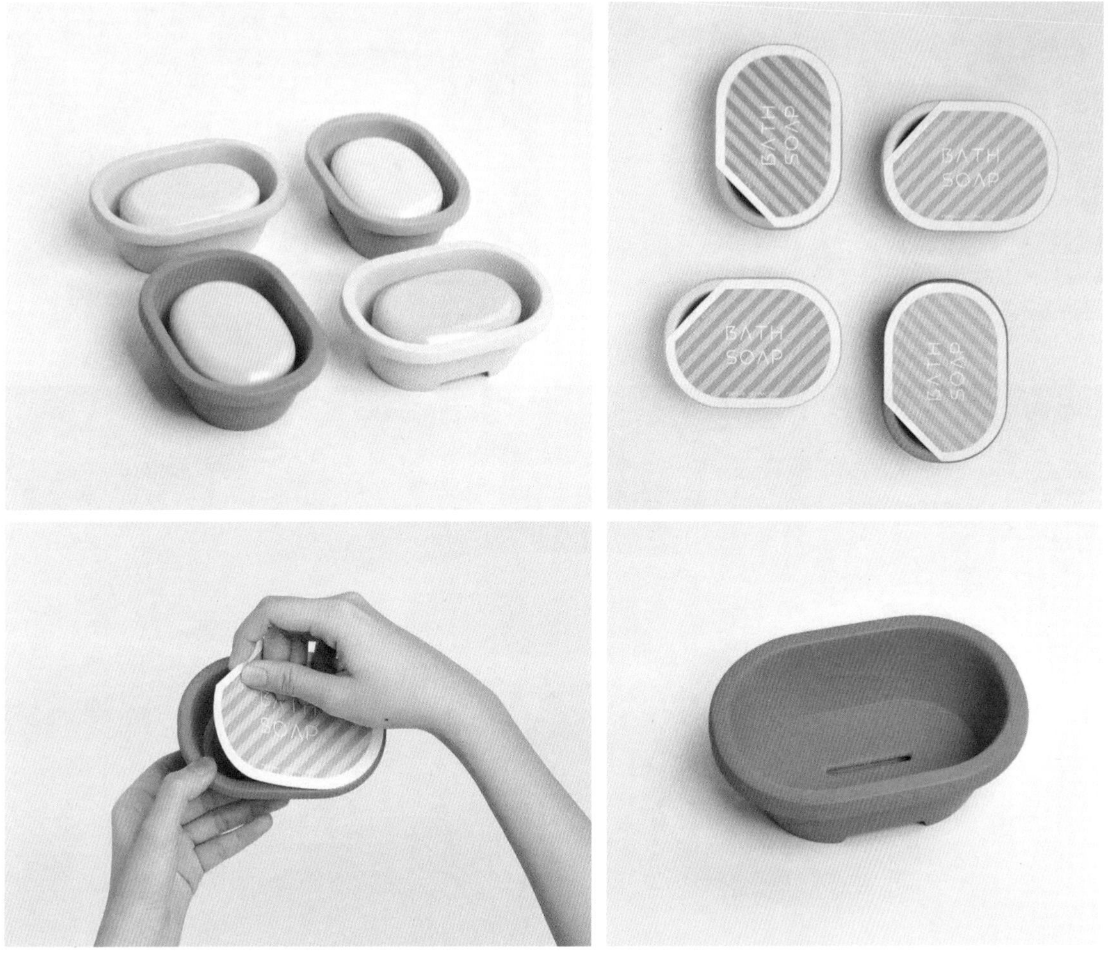

图 2-11　浴缸肥皂盒设计　陈思婕　张剑指导　广州美术学院

三、知识点

(一) 功能与产品形态

1.功能与产品形态的关系

第一，产品的使用功能决定产品形态的基本构成。功能是产品存在的前提，也是识别产品的基础。功能的不同导致产品形态的差异。这里所说的产品是指具有使用功能的产品，不是那些纯观赏性的产品。产品的使用功能是基于人们的使用要求而产生的，不同的使用功能就构成产品形态的不同的基本结构，脱离了使用功能，产品的形态就失去了存在的意义。以碗的形态为例，碗就是用来盛水和储存食物的工具（图 2-12 至图 2-14）。在这种功能的制约下碗的形态应该有一定深度与体积，底部有一个圈脚便于放置，而且体积不能过大，以便于端拿，并且碗口是敞开的。敞口便于人们饮水或食用东西。如果换一种形态，碗的口部较小，腹部比口部大而且较深，这样在使用时，就始终无法方便食用碗里的食物。碗的起源可以追溯到新石器时代的泥陶碗，它的形状与今天的碗没有太大的区别，碗的使用功能决定碗的基础形态一直沿用至今。

例如，设计一只电热水壶，其使用功能决定了它的形态的基本结构必须有盛水的主体、出水和便于使用操作的相关构件，一般是壶身、壶嘴、壶盖和把手等。不论每一部分各自的形态如何，它们之间的组合方式如何，形态上最基本的特征都不会改变（图 2-15 至图 2-17）。

图 2-12　耀州窑青釉刻海水鸭纹碗　宋
（图片来源：故宫博物院）

图 2-13　钧窑天蓝釉紫红斑菊瓣碗　元
（图片来源：故宫博物院）

图 2-14　斗笠碗　崇青尚白公司

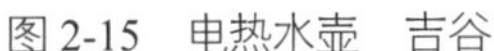
图 2-15　电热水壶　吉谷

图 2-16　电热水壶　小熊

图 2-17　电热水壶　巴慕达

第二，产品功能的增减带来形态的变化。现今社会，多功能的产品越来越多，随着微电子、新材料、新能源的发展和应用，完成单个产品功能所需要的材料的体积、重量和成本都在下降，使多功能集成成为可能。多功能集成化的产品设计是人类需求、技术发展和市场规律的必然结果。

产品功能的增减带来形态的变化在科技产品上表现不明显，但对生活用品的形态就带来了很大的影响，如多功能刨丝切片套装（图 2-18）。

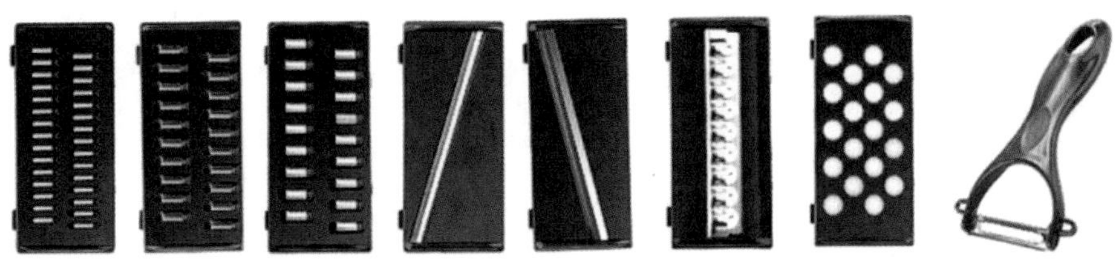

图 2-18　多功能刨丝切片套装　马克罗时尚公司（McroneFashion）　英国

第三，审美功能的价值取向影响产品形态的风格特征。任何产品都有它特定的消费者，消费者的审美价值取向会影响产品形态的风格特征。通过产品来表现使用者的个性特征和身份属性是审美功能的一个方面。它也是设计定位的主要依据之一，是设计师进行产品差异化处理的导向仪。

环顾我们周围的人群，可以发现同样作为生活道具的用品之间存在着很大的差距，那种精致的、有品位、有格调的产品，已经变成了一种白领阶层所向往的品位生活的象征（图 2-19、图 2-20）；可爱、卡通的产品深受儿童喜爱（图 2-21）。

图 2-19　太阳镜　香奈儿（CHANEL）　法国

图 2-20　火星（Mars）创新双滚珠手表　时运达公司 (Sweda)

图 2-21　艾比兽（Abbebot）英语教学机器人　佳简几何

2.功能影响产品形态的作用方式

功能是产品价值的直接体现，功能不同产品的形态会存在较大的差异，进行产品设计时，功能影响产品形态的作用方式如下。

第一，对使用功能进行分析，明确产品基础形态的构成关系，然后进行合理的形态演绎。

第二，以消费群体的文化背景为基础建立特定的审美坐标系，决定产品形态的风格特点。

例如，进行乐摇 - 便携果汁机的形态设计时，设计师在设计前，要明确所设计产品的使用功能包括哪些内容，然后依据功能分析出产品基础形态的构成关系，进行合理的形态演绎。依据该产品手摇、便携、榨汁的使用功能确定果汁机的形态要素要有搅拌器、适合人手持握的把手以及便于盛放携带果汁的容器，接着，需仔细地研究产品的身份属性，通过对市场及年轻用户的调研，明确了该产品的形态风格定位为简约和活力。设计灵感来源于保龄球，保龄球一样的动感形态可以激起人们对运动的渴望，代表着健康和朝气蓬勃。开机轻松摇动即可快速榨好果汁，舒适的把手尺寸设计让女孩子的手都很容易抓握，使用时不经意的摇动巧妙解决果汁机普遍容易卡刀的问题，将产品弊端变为优势，创新式的操作体验让使用过程充满乐趣，通过产品形态语意的传达增加了人与产品的互动（图 2-22）。

又如，设计一系列家居灯具，灯是一个大的概

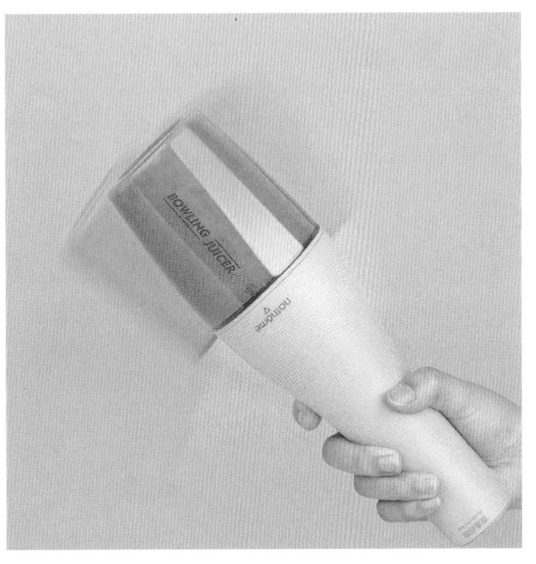

图 2-22　乐摇 - 便携果汁机　佛山市顺德区宏翼工业设计有限公司

念，虽然现在的电灯一般情况下都是由光源、灯座、开关和连接线等要素构成的。但是，当我们进一步思考就会发现，吊灯、壁灯、台灯、落地灯，因为使用功能的不同，在其形态构成上存在着因功能不同带来的差异（图 2-23）。吊灯一般照明的范围相对较大，用天花板来固定；壁灯多数起渲染气氛的作用，基于墙壁来固定；台灯用于局部照明，在台面上放置；落地灯经常起装饰作用，基于地面来放置。即使是系列化灯具设计，每件产品上有明显的形态统一要素，但是设计师应该准确把握那些因功能不同而带来的基础形态构成关系上的差异。在确定基础形态的构成关系后，再结合生产技术的特点、目标使用对象的审美情趣等因素，对产品形态进行深入演绎，赋予产品更具体的形态特征和细节。

图 2-23　保尔·汉宁森（PH）系列灯具　保尔·汉宁森（Poul Henningsen）　丹麦

（二）结构与产品形态

1.结构与产品形态的关系

结构方式的不同直接导致产品的形态的变化。我们以手机的结构为例来说明这个问题。

在智能手机出现之前，手机的形态比较丰富，人们依据手机外形的结构差异将手机分为不同的类型：折叠式（单屏、双屏）、直板式、滑盖式、旋转式等几类，可见结构关系对手机形态的直接影响是比较明显的。近几年，随着智能手机的出现，手机的结构方式以直板式为主流，有些高端品牌也推出大屏的折叠手机。

第一：折叠式。

折叠式手机又称为翻盖式手机，要翻开盖才可见到主显示屏或按键。因为只有一个屏幕，这种手机被称为单屏翻盖手机。而双屏翻盖手机是在翻盖上有另一个副显示屏，这个屏幕通常不大，一般能显示时间、信号、电池余量、来电号码等。翻盖手机一般比较短小，还免除了锁键盘的工作，减少了误操作的出现（图 2-24、图 2-25）。

图 2-24　臻观（SCH-W999）手机　三星　韩国

图 2-25　P50 宝盒（P50 Pocket) 折叠手机　华为

第二：滑盖式。

滑盖式手机主要是指手机要通过抽拉才能见到全部机身。有些机型就是通过滑盖才能看到按键，而另一些则是通过上拉屏幕部分才能看到键盘。从某种程度上说，滑盖式手机是翻盖式手机的一种延伸及创新。滑盖不像直板手机那样一成不变，也不像翻盖手机那样容易损坏。滑盖手机有独特的滑轨、上下盖的呼应关系，形态上往往给人一种流畅的美感（图 2-26）。

图 2-26　“唤醒”（Evoke）QA4 手机　摩托罗拉

第三：旋转式。

旋转式手机在结构上是折叠式手机的变异，它拥有折叠的优点，形态上强调旋转轴的作用，体现出明显的风格个性（图 2-27）。

图 2-27　V70 手机　摩托罗拉

第四：直板式。

直板式手机就是指手机屏幕和按键在同一平面，手机无翻盖。直板式手机的特点主要是外观简洁，现在流行的智能手机，屏幕为触屏，可以直接看到屏幕上所显示的内容，如来电、短信等，形态基本上都是在长方形的基础上做差异性设计，直板式是常用的结构方式（图 2-28）。

部分产品的结构直接表现为形态。在产品的形态处理中，有时候结构和形态之间的关系是合二为一、不分彼此的，处理好产品的结构关系也就基本上完成了产品的形态设计。这种现象在功能型产品中表现比较明显，如园艺剪刀、斯特基（Stecki）椅子、山地车（图 2-29 至图 2-31）。

图 2-28　直板式手机

图 2-29　园艺剪刀　嘉丁拿（GARDENA）　德国

图 2-30　斯特基（Stecki）椅子　亨宁·马克森（Henning Marxen）　德国

图 2-31　山地车　Canyon Bicycles

结构的恰当展现有利于产品形态美感的提升。形态设计的手法灵活多样，不能简单局限于产品的外部，对于一些内部结构精美的产品，可通过外表面透明处理，起到丰富形态、增添美感和情趣的作用。例如，订书机采用透明的外壳隐隐约约看到产品内部有序的结构关系，哈曼卡顿音箱通过透明外壳展示内部形态和光影效果，这些细节有助于提升产品形态的美感（图 2-32、图 2-33）。

又如，欧米茄（OMEGA）碟飞系列陀飞轮腕表，通过展示产品内部的机械结构和动态关系，传递出产品强烈的技术感和精致品位，并体现出一种男性的阳刚之美（图 2-34）。

2.结构影响产品形态的作用方式

对绝大多数具体的产品而言，实现其功能的结构有多种选择的余地，并且随着结构方式的改变，产品的形态特征也跟着改变。在那些直接体现结构关系的形态中，这种变化更加显而易见。产品结构影响产品形态的作用方式归纳如下。

第一，依据产品的功能需要及市场因素选定产品的基本结构，从而确定产品的基本形态。

第二，利用对局部结构的恰当处理展现产品的形态个性。

例如，进行吸尘器的形态设计时，马达和集尘区的结构关系的变化会产生截然不同的产品形态，吸尘器常见的结构方式有多种，如图 2-35 所示，应用在产品上的效果如图 2-36 至图 2-41 所示。

设计时，我们需按照产品的用户定位、功能定位、使用场景及市场因素选定吸尘器的马达和集尘

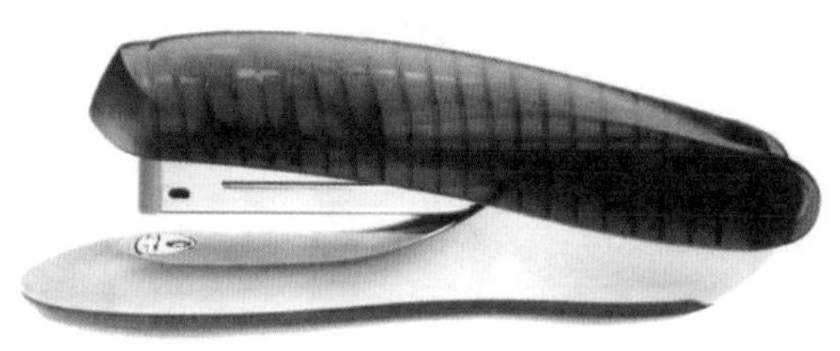

图 2-32 爱可（ACCO） 订书机 朱利安·布朗（Julian Brown） 意大利

图 2-33 立体声环绕蓝牙音箱 哈曼卡顿 (Harman Kardon) 美国

图 2-34 碟飞系列陀飞轮腕表 欧米茄（OMEGA） 瑞士

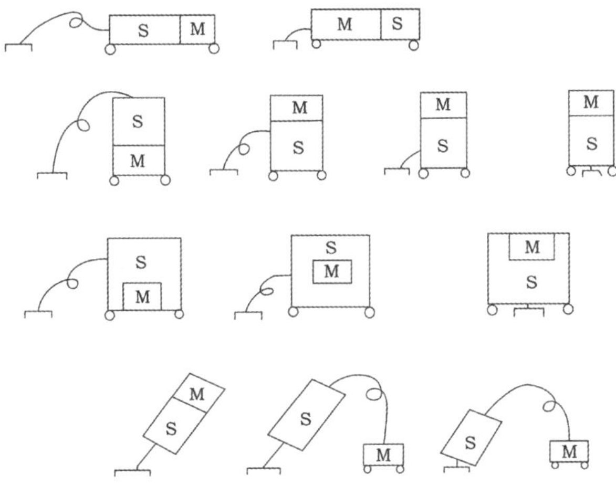

图 2-35 吸尘器的结构（马达 M 和集尘区 S）

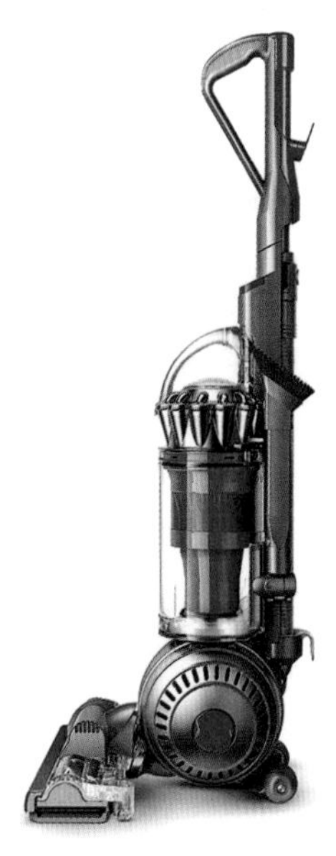

图 2-36　立式吸尘器　戴森（Dyson）　英国

图 2-37　无绳吸尘器　戴森（Dyson）　英国

图 2-38　S9 Pro 卧式吸尘器　小狗

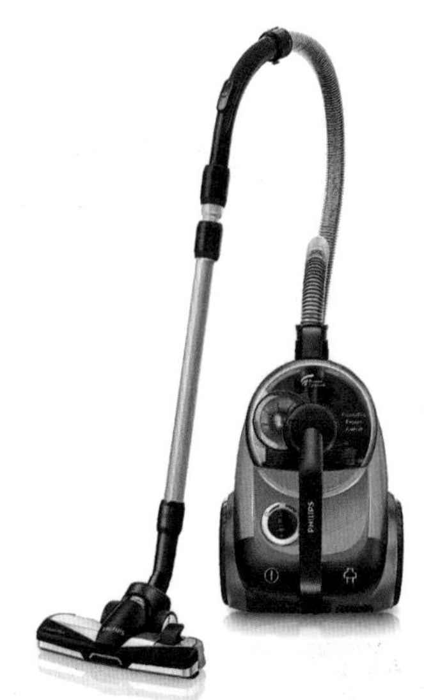

图 2-39　无尘气缸真空吸尘器
飞利浦（Philips）　荷兰

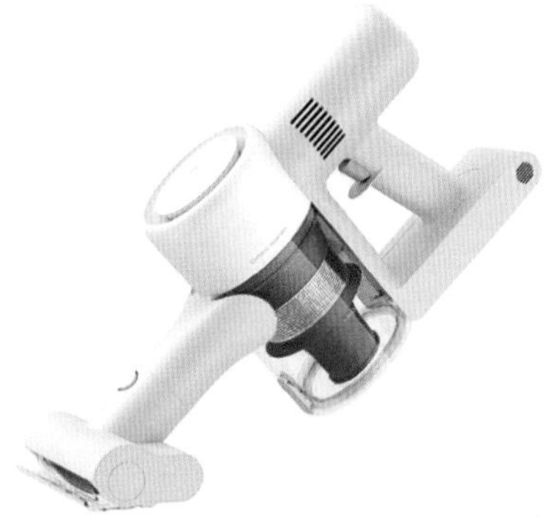

图 2-40　K10 米家无线吸尘器　小米

图 2-41　无绳吸尘器　博世（Bosch）　德国

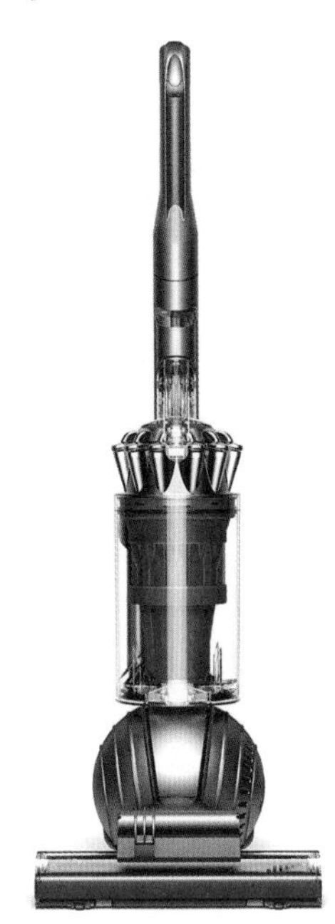

图 2-42　球形动物（Ball Animal 2）立式吸尘器　戴森（Dyson）　英国

区的结构关系，从而确定产品的基本形态，例如，戴森立式吸尘器球形动物（Ball Animal 2），具有超强吸力，是针对宠物家庭场景设计的，选用吸头—马达—集尘区的结构方式进行整体形态设计，再利用底部好推易操控的球形机身设计恰当处理展现产品的形态个性（图 2-42）。

（三）材料工艺与产品形态

1.材料工艺与产品形态的关系

（1）材料的类型会直接影响产品的形态特点

对大部分产品来说，相同的产品，选用不同的材料，产品形态的特征会有很大的差异。这是由于材料不同，其物理化学性能也不同，与之相适应的加工工艺也不同，产品的构造与形态都会不同。另外，不同的材料给人的视觉感受也不同。例如，木材的天然的美感和年轮变化产生的纹理的质感，石头产生的朴实、自然的感觉。因而一旦材料被应用到某个具体的产品时，就会对这一产品产生直接的视觉影响。以椅子为例，利用胶合板、钢管或塑料都可以制成椅子，但是这些椅子的形态却体现出截然不同的特征，杰拉尔德·萨默斯利用胶合板热弯制成流畅的一体成型的扶手椅（图 2-43）；匈牙利人马塞尔·布劳耶（Marcel Breuer）在 1925 年设计出著名的瓦西里椅（Wassily Chair）（图 2-44），这把经标准件制成的钢管椅，首创了世界钢管椅的设计纪录。它利

图 2-43　弯曲胶合板扶手椅　杰拉尔德·萨默斯（Gerald Summers）　英国

图 2-44　瓦西里椅　马塞尔·布劳耶（Marcel Breuer）　匈牙利

图 2-45　潘顿叠椅　维纳·潘顿（Verner Panton）　丹麦

用冷拔钢管焊成，表面再施镀镍处理，与人体接触的部位采用帆布或皮革，充分利用材料的特性，体现出人性化的思考。钢管家具满足了大批量机械化生产的要求，同时完美地体现了形式追随功能的功能主义思想。塑料这种合成材料用于椅子设计同样是具有划时代意义的。丹麦的维纳·潘顿（Verner Panton）是一位应用新材料于椅子设计而有所建树的设计大师。他在探索新材料的设计潜力过程中创造了许多富有表现力的作品，如他于 1960 年设计制成的潘顿叠椅（图 2-45），以玻璃纤维增强塑料一次性模压成型，造型别致，色彩艳丽，具有强烈的雕塑感，至今仍享有盛誉，被世界许多博物馆收藏。硅胶材料在二合一厨房漏斗中也发挥了硅胶作为可变形材料的妙用（图 2-46）。用作传统的漏斗时，它具有易于抓握的手柄，一旦折叠底部，它就会变成一个带有手柄和倾倒嘴的容器，以便于分配液体。有了这两个功能，人们可以轻松处理厨房工作。

另外，从视觉特征的角度讲，我们可以把不同类型的材料分为线材、面材、块材，用它们制作的产品具有不同的形态特点，并且这些形态给人的心理感受也是各不相同的。

线材具有流畅的空间运动感、通透感、飘逸感（图 2-47），块材具有厚重感和分量感（图 2-48），面材具有轻巧、简洁感（图 2-49）。这种不同的感觉会直接影响人们对产品形态的整体印象。

（2）加工工艺的差异会导致产品形态特征的不同

同一种材料也有着不同的加工方法和成型工艺，而不同的加工工艺也将对产品的形态起到直接的影响。玻璃成型主要有压制、吹制、拉制、压延、凹陷、浇注和烧结法等，玻璃的后期加工工艺有切割、腐蚀、黏合、雕刻、研磨与抛光、喷砂与钻孔以及热加工等。幽灵椅就是用凹陷工艺加上后期的喷水切割加工成型的（图 2-50），意大利 IVV 玻璃碟是压制成型工艺制作的（图 2-51），乔·卡里亚蒂（Joe Cariati）的小醒酒器是吹制成型的（图 2-52）。

塑料的加工工艺不同，产品的形态特征也不一样。如图 2-53 所示的净水器，四个瓶子是吹塑成型的，净水器是注塑成型的。

又如，都是金属椅子，用冲压（图 2-54）、弯曲（图 2-55）、焊接（图 2-56、图 2-57）等不同加工工艺制造的椅子，形态特征有很大区别。

图 2-46　二合一厨房漏斗　深圳市奇奥通信科技有限公司

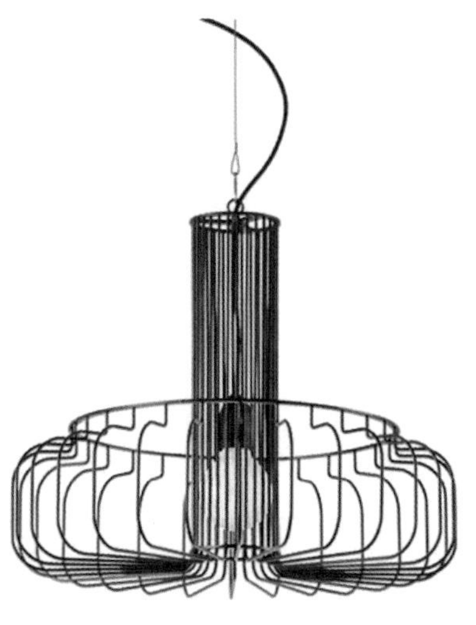

图 2-47　灯具　比姆工作室（BEAM Studio）　以色列

图 2-48　小茶几　帕特·金姆（Pat Kim）　美国

图 2-49　西尔维娅（Silvia）吊灯　友美吉（UMAGE）公司　丹麦

图 2-50 幽灵椅 希尼·波厄里 （Cini Boeri） 意大利

图 2-51 玻璃碟 IVV 玻璃厂 意大利

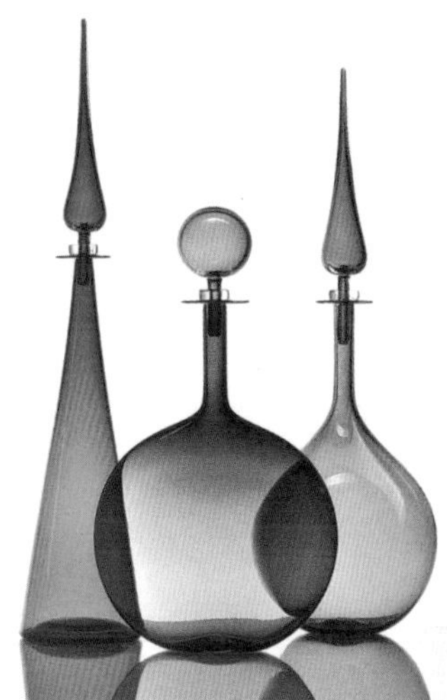

图 2-52 小醒酒器 乔·卡里亚蒂（Joe Cariati） 美国

图 2-53 净水器 明尼苏达矿业及机器制造公司（3M） 美国

图 2-54　贝壳（Tom Vac）椅　罗恩·阿拉德（Ron Arad）　以色列

图2-55　麦兰多利纳折椅（Mirandolina Chair）　皮耶特罗阿罗希奥 (Pietro Arosio)　意大利

图 2-56　网椅　（Hot Mesh Chair）　蓝点（Blu Dot）　美国

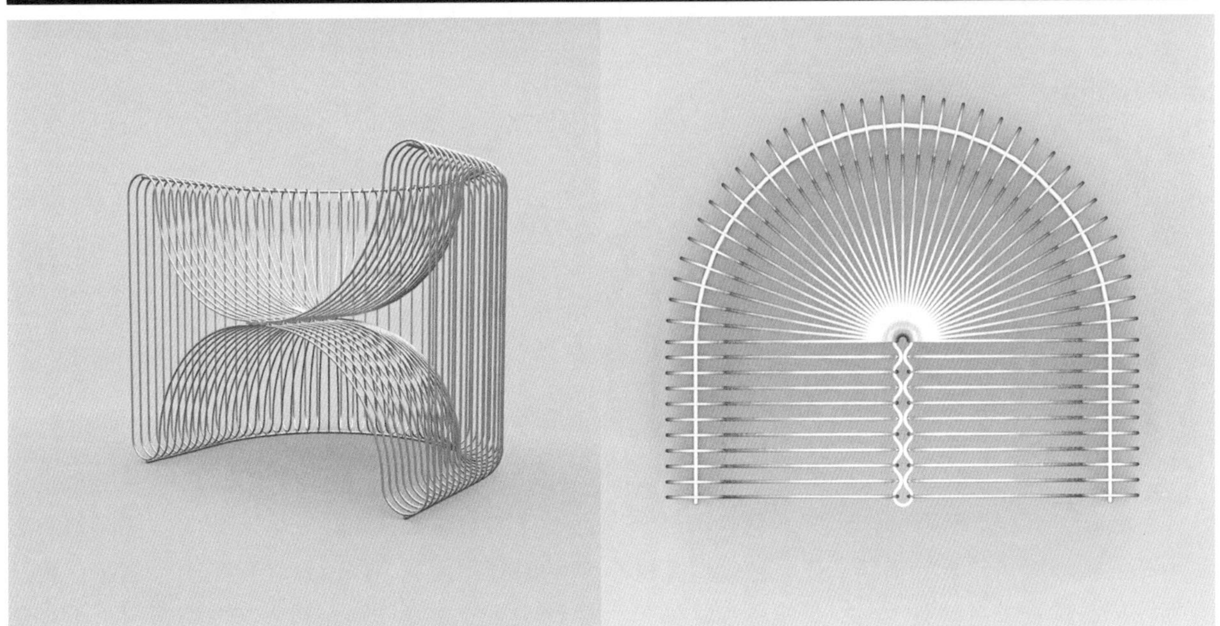

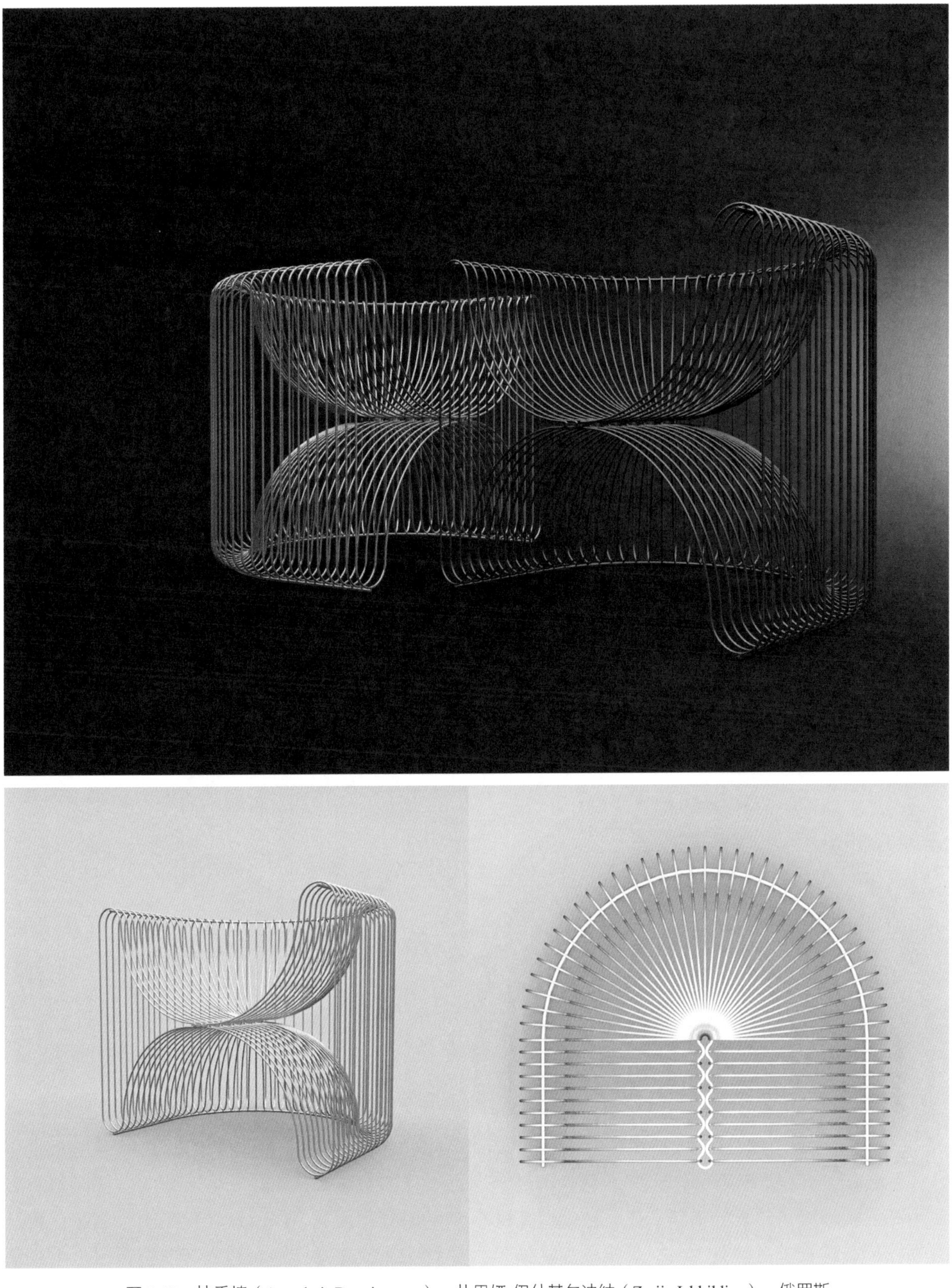

图 2-57　扶手椅（Armchair Renaissance）　扎里娅·伊什基尔迪纳（Zariia Ishkildina）　俄罗斯

产品的表面处理工艺，直接影响产品的外观形态感受，同时也影响产品表面的接触性功能，对消费者的生理与心理产生双重影响。通过不同的表面处理技术，能得到截然不同的外观效果，直接影响使用者对产品的感受。下面以三款不同手机的后壳加以比较。

维沃（vivo）智能手机S16系列的颜如玉配色版本采用了玉石质感与光致变色设计，将玉的质感赋予手机玻璃盖板上，在玉石般的色泽与肌理的加持下，配合精湛细腻的工艺，整个手机产品宛如一件艺术品，在视觉效果上非常新颖美观，给消费者带来一种晶莹剔透的美感（图2-58）。

这种玉质玻璃工艺是通过14层纳米镀膜打造的，是常规手机镀膜厚度的两倍，将玻璃表面的反射率最高提升至3.25倍。玉石的纹理与色泽通过精心的设计打造，采用了青白玉料作为底色，在变色之前的整体色泽处于白色与淡青色之间，饱和度偏低，通透感很强。在玉质玻璃的基础上，配上光致变色技术，将不同颜色的玉石质感完美诠释出来，真正意义上实现了一块玉石玻璃两种玉质感的效果。整体的变色过程是从上面展示的浅白青色到深绿色转变，从青白玉石到碧玉的变化。这是在电子科技的加持下，质感的趣味变化与升级。

图2-58　S16手机　维沃（vivo）

小米MIX 4手机采用一体成型的全陶瓷机身，使用高纯纳米氧化锆复合材料，让轻量化陶瓷机身相较传统陶瓷机身减重30%，手机更加轻盈，获得绝佳手感的同时，依然保持陶瓷的独特触感。其中影青灰配色款式的灵感来自传统陶瓷珍品影青瓷，色调呈青绿淡蓝，质地优雅。为还原传统而神秘的“影青”韵味，小米MIX 4采用特有高纯纳米材料配方，辅以氧化铌稀土金属氧化物及多种金属氧化物作为色料，将陶瓷原料与色料分别进行溶解、沉淀、滤洗、高温煅烧等多道工序，将瓷器的优雅质地与现代化的精细工艺融为一体（图2-59）。

图 2-59　MIX 4 手机　小米

小米 12S Ultra 手机（图 2-60）采用一体化金属中框 + 环保有机硅素皮包覆后盖，仿真皮纹理设计，质感细腻舒适，兼顾美观性及耐脏环保等功能。小米 12S Ultra 所采用的有机硅环保素皮是采用有机硅材料打造的人造革，是真正的“新型生态皮质材料”。这种材料拥有皮革的外观及质感，比真皮还要耐磨，更轻量化，具备皮革肌理，手感舒适，美观精致，同时耐污防霉等性能要远高于传统材料。这是一种真皮的替代材质，相较于传统的聚氨酯（PU）皮或聚氯乙烯（PVC）皮，环保程度大大加强。同时，环保素皮与其他材质的结合非常细腻精致，且有视觉层次感。

通常在同一个产品的表面会采用不同的处理工艺，这样可以丰富产品的视觉感受。例如，九牧水龙头，阀体采用压铸成型，把手盖采用防刮花铝合金氧化光盘（CD）纹。把手环水波纹纹理，五轴精雕，将纹理的美观性与操控性结合。水龙头采用烤漆、电镀铬和物理气相沉积（PVD）玫瑰

图 2-60　12S Ultra 手机　小米

金、九牧金涂层工艺。多种工艺的使用，使水龙头呈现精致外观的同时，大大提升了产品的档次（图2-61）。

（3）新材料新工艺的出现影响产品形态

随着人类对材料组织结构的深入研究、宏观规律与微观机制的紧密结合，进一步深刻地揭示了材料行为的本质，并采用了相应的新工艺、新技术、新设备，从而创造出种类繁多、性能更好的新材料。由于高性能结构材料等新材料的不断创新和广泛应用，促使新产品技术开发方向从“重、厚、长、大”型向“轻、薄、短、小”型转变，即向着体积小、重量轻、省资源、省能源、高附加值、提高工作效率、降低成本和增强市场竞争能力的方向发展。

图 2-61　水龙头　九牧

新材料新工艺的出现给产品的形态带来多样性。例如，金属纳米材料包括纳米粒子墨水、离子溶液、熔融金属液滴，这些材料可以制造分辨率小于 10 微米的金属结构，目前德国三维微型印刷（3D MicroPrint）公司可以生产两种尺寸小于 5 微米的不锈钢粉末材料，可用于激光成型工艺，美国微型纤维（Microfabrica）公司可以生产四种分层厚度在 5 微米、表面粗糙度在 0.8 微米的金属材料，可用于微尺度金属零件的批量化生产。又如，3D 打印技术是快速成型技术的一种，又称增材制造，它是一种以数字模型文件为基础，运用粉末状金属或塑料等可黏合材料，通过逐层打印的方式来构造物体的技术，它的出现突破了传统制造工艺对于形态高度复杂的产品的制造瓶颈，使产品的形态出现更多的可能性，图 2-62 中的灯具就是由 3D 打印制造的。

图 2-62　褶带（Ruche）灯　普鲁门（Plumen）公司　英国

2.材料及工艺影响产品形态的作用方式

材料是产品实现的物质基础，不同的材料以及相关的工艺不仅直接影响产品的形态特征，还左右着消费者对产品的综合感受。这里归纳出材料及工艺影响产品形态的作用方式。

第一，依据产品的功能及边界条件，选定恰当的材料。

第二，依据材料的特性和产品的功能要求，选定合理的工艺。

第三，遵循材料与工艺的性能优势，合理创造满足功能需要的产品形态。

接下来通过三组竹制品具体介绍不同的竹材和加工工艺影响产品形态的作用方式。

市场上的竹制品的加工工艺主要从两个方面创新：一方面是对原竹的雕、钻、刻、镶、嵌、绘、编等传统工艺的改进，同时结合竹材中的文化元素进行设计制作，从而提升竹制品的品质感和价值感。另一方面，除了对原竹的运用，还开始运用竹集成材、重竹板材等复合竹材，这些新型竹材既保留了竹材本身固有的高密度、韧性、强度等优异特性，又保持了竹材的天然纹理，清新雅致，舒适美观，实用性更强，使竹材在产品设计中发挥的空间更广。如下三组产品依据各自的功能及边界条件，选定竹材作为主要材料。

第一组产品是竹椅——清椅 2 号（Ching Chair No.2）。这款凳椅选用毛竹制成，经过特殊的材质处理保留竹子原始的绿色。结合传统竹工艺制作程序，剖竹、削竹、弯竹、榫合的手法来体现对竹材的尊重，利用竹材原本的特征突出竹子原始的美，为使用者创造一种平静放松的审美体验（图 2-63）。

第二组产品是竹月之光落地灯，由竹篾编织而成，在编织方法上选取了日式竹编里最具代表性的多层编法，过程要比传统的竹编制品多三道工序，手法糅合日本竹编的细腻和中式的实用。一个 6 层的大吊灯，需要 72 条长达 7 米的竹篾，一个师傅一个星期才能编出。竹月之光落地灯的形态设计灵感来自湖面的涟漪，极其复杂的一体成型多层编法让灯罩呈现特别的立体感和层次感，光线穿过多达 6 层的灯罩，让整个空间氛围感十足（图 2-64）。

第三组产品是冰凉鼠标（Ice Mouse），选用重竹板材通过数控机床（CNC）加工而成，依据人机工程学切削出符合人手持握的形态，并保留了独特的竹纹理。竹材具有透气性，因此用户在使用时手掌不会出汗，为用户提供天然材料的凉爽触感。铝合金鼠标底座可充当散热器，与竹材料的组合增强了视觉丰富性（图 2-65）。

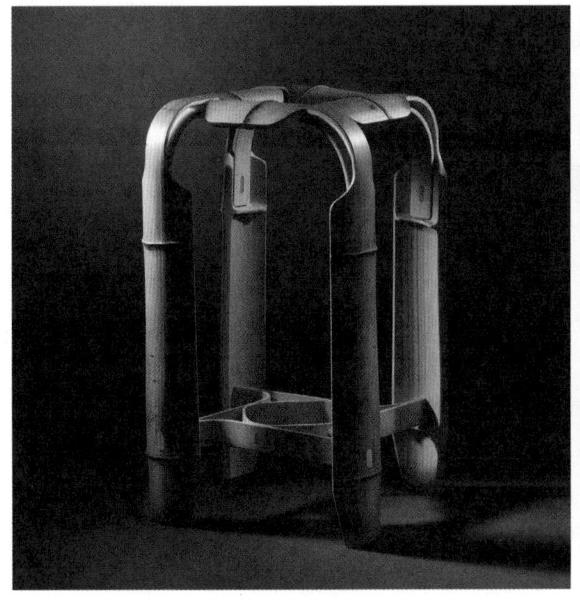

图 2-63　清椅 2 号（Ching Chair No.2）　林大智、谢易帆

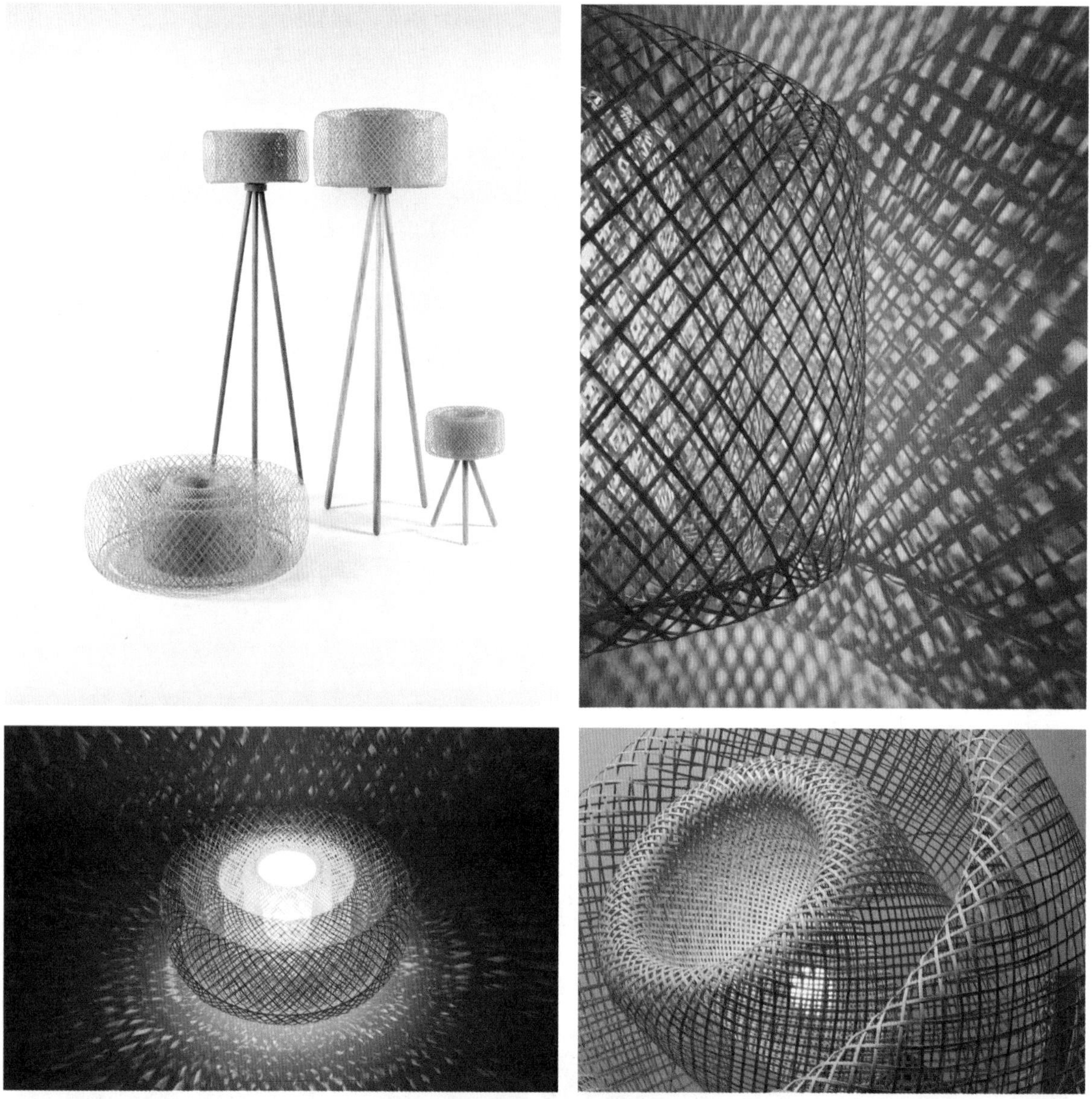

图 2-64　竹月之光落地灯　拼爱玩（PIY）

图 2-65　冰凉鼠标（Ice Mouse）　阿洛伊克（Aloic）　美国

四、实战程序

（一）前期调研分析

本节的“奶爸爸翻盖奶瓶”项目，属于生活用品形态设计类的实战案例，由广东东方麦田工业设计股份有限公司提供。由于本教材侧重于产品形态设计，因此将该项目前期的市场调研、用户研究、产品策略放在第一部分前期调研中简单地呈现企业形态设计前期的工作流程，对第二部分形态设计流程进行重点剖析，并在第三部分对产品落地推广流程进行简单介绍。本书对项目流程进行完整地呈现，是希望在让学生学习产品形态设计方法的基础上，增加学生对设计实践一线真实项目完整实战程序的认知。

接下来的教学就以该项目为载体，结合东方麦田产品全生命周期创新管理流程，以形态设计为重点，将各任务中的代表性教学内容进行对应说明。

1.市场调研

（1）市场信息收集及分析

核心价值：理解行业发展动态及市场趋势。

通过对奶瓶行业的市场资讯、品牌格局、市场销售数据、用户搜索关键词喜好等方面的资料和信息进行搜集及挖掘，理解行业发展动态、方向及趋势（图 2-66、图 2-67，表 2-1、表 2-2）。

potato
小土豆

图 2-66　行业主要品牌信息表——了解行业主要品牌及其特点

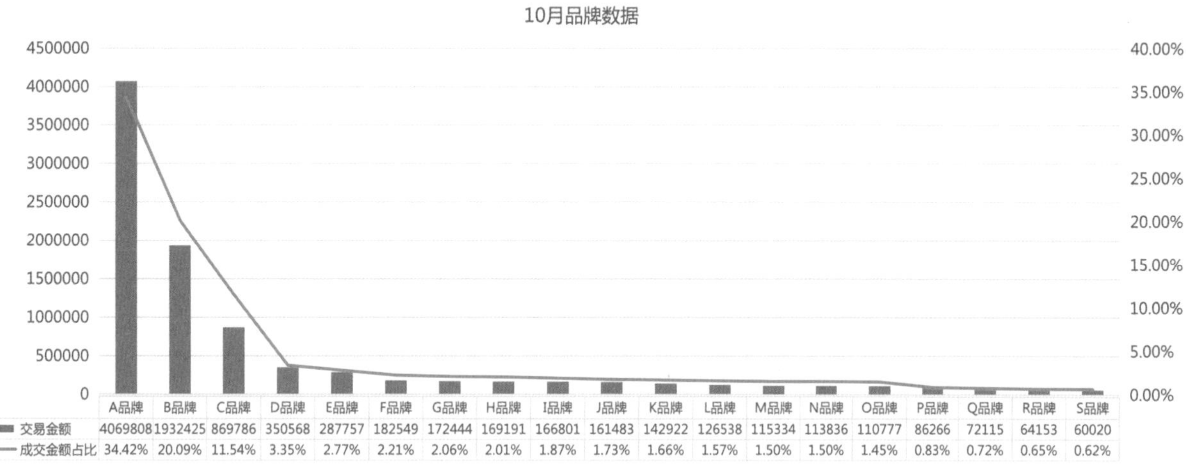

	A品牌	B品牌	C品牌	D品牌	E品牌	F品牌	G品牌	H品牌	I品牌	J品牌	K品牌	L品牌	M品牌	N品牌	O品牌	P品牌	Q品牌	R品牌	S品牌
交易金额	4069808	1932425	869786	350568	287757	182549	172444	169191	166801	161483	142922	126538	115334	113836	110777	86266	72115	64153	60020
成交金额占比	34.42%	20.09%	11.54%	3.35%	2.77%	2.21%	2.06%	2.01%	1.87%	1.73%	1.66%	1.57%	1.50%	1.50%	1.45%	0.83%	0.72%	0.65%	0.62%

图 2-67　奶瓶市场格局，各品牌市场成交金额及占比——了解行业格局，关注重点品牌

表2-1　奶瓶市场用户线上搜索热词及相关数据

搜索词	日期	热搜排名	搜索人数	点击人数	点击率	支付转化率	直通车参考价	商城点击占比	买家数
奶瓶	2021-10-21～2021-11-19	1	1068221	616108	82.73%	9.96%	3.29	87.27%	61355
奶瓶新生婴儿	2021-10-21～2021-11-19	5	333298	214135	80.59%	7.85%	3.06	86.36%	16800
奶瓶1岁以上	2021-10-21～2021-11-19	11	128930	87885	85.73%	16.13%	3.23	89.41%	14174
奶瓶2岁以上	2021-10-21～2021-11-19	14	106355	71830	83.32%	18.36%	2.85	89.19%	13186
吸管奶瓶	2021-10-21～2021-11-19	17	69952	46939	93.49%	14.34%	3.42	91.57%	6729
奶瓶3岁以上	2021-10-21～2021-11-19	19	64038	41978	75.36%	18.79%	2.61	85.89%	7888
新生儿奶瓶	2021-10-21～2021-11-19	20	63391	44194	90.16%	9.39%	3.62	88.86%	4149
婴儿奶瓶	2021-10-21～2021-11-19	23	55801	35834	87.85%	9.20%	3.12	87.37%	3298
奶瓶6个月以上	2021-10-21～2021-11-19	26	47000	34213	93.52%	14.74%	3.28	86.22%	5044
玻璃奶瓶	2021-10-21～2021-11-19	30	42057	29581	93.96%	15.28%	2.96	79.86%	4521
ppsu奶瓶	2021-10-21～2021-11-19	36	27878	17177	91.19%	14.00%	2.69	84.42%	2405
婴儿奶瓶新生	2021-10-21～2021-11-19	41	24951	15694	82.17%	8.23%	3.06	84.78%	1291
宝宝奶瓶	2021-10-21～2021-11-19	43	23629	14606	91.03%	12.42%	3.26	88.50%	1814
奶瓶ppsu耐摔品牌	2021-10-21～2021-11-19	51	19959	12859	90.46%	15.99%	2.88	82.48%	2056
断奶神器	2021-10-21～2021-11-19	53	19368	11998	91.28%	12.02%	3.24	81.75%	1442
奶品吸管	2021-10-21～2021-11-19	56	18039	10277	76.91%	18.59%	3.42	77.56%	1911
新生婴儿奶瓶防胀气	2021-10-21～2021-11-19	57	17069	11884	92.43%	9.48%	2.47	84.64%	1127

表2-2　奶瓶市场主流品牌对比及分析

品牌	A品牌	B品牌	C品牌	D品牌	E品牌	F品牌	其他
强品牌背书	●	●	●	●	●	●	
产品力	●	●	●	●	●		
线下分销	●	●	●	●	●	●	
高溢价	●	●	●	●	●		
低价	●					●	●
强营销	●	●	●	●	●	●	●

市场分析小结：上述几个品牌市场分层明显，其中 A 品牌市场综合表现较为突出，市场份额占比高，用户认知度高。在竞品分析中对其相关产品值得关注；用户在购买奶瓶之前，对奶瓶的搜索关注点主要集中在奶瓶的材质、适用年龄等方面，同时对于奶瓶的功能，如防胀气、吸管等也有关注。

（2）竞品分析

核心价值：理解行业主要竞品的优缺点。

分析及体验主要对标竞品及行业热点产品，总结其优劣，为制定产品策略提供参考（图 2-68 至图 2-75）。

现有竞品分析

格林博士速冲奶瓶

容量：150毫升/180毫升/240毫升

口径：宽口径约50毫米

材质：奶瓶PPSU/晶钻玻璃

保温套耐揉捏可水洗布

颜色：粉红/蓝色

价格：158~288元（可选配）

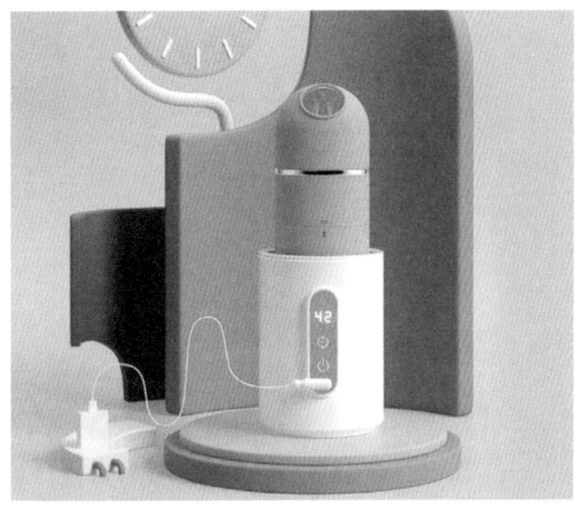

图 2-68　竞品分析：市场主要品牌旗下奶瓶产品信息搜集 1

现有竞品分析

神妈智能奶瓶

容量：140毫升/260毫升

口径：宽口径约50毫米

材质：高硼硅玻璃（不含双酚A）

保温内胆塑料

颜色：瓶身白+装饰绿（单款）

价格：498元

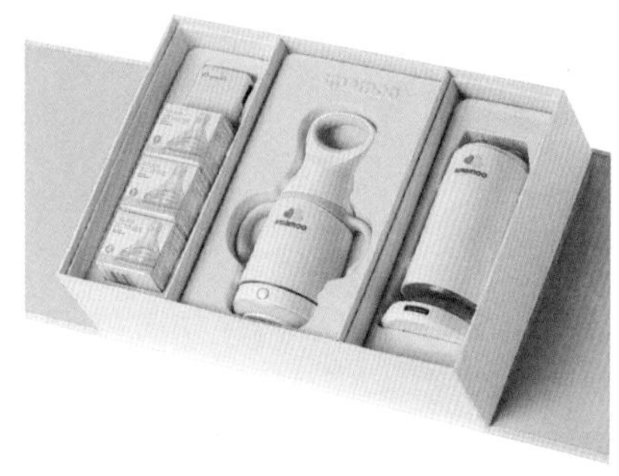

现有竞品分析

吻吻鱼智能奶瓶

容量：120毫升/240毫升

口径：超宽口径约58毫米

材质：高硼硅玻璃（不含双酚A）

保温内胆304食品级不锈钢

颜色：白色；背带红/灰

价格：99~499元（可选配）

图 2-69　竞品分析：市场主要品牌旗下奶瓶产品信息搜集 2

现有竞品分析

萌萌蛋智能感温奶瓶

容量：170毫升/250毫升
口径：宽口径约50毫米
材质：奶瓶医用食品级硅胶
保温内胆ABS
颜色：白色；粉色
价格：499元

现有竞品分析

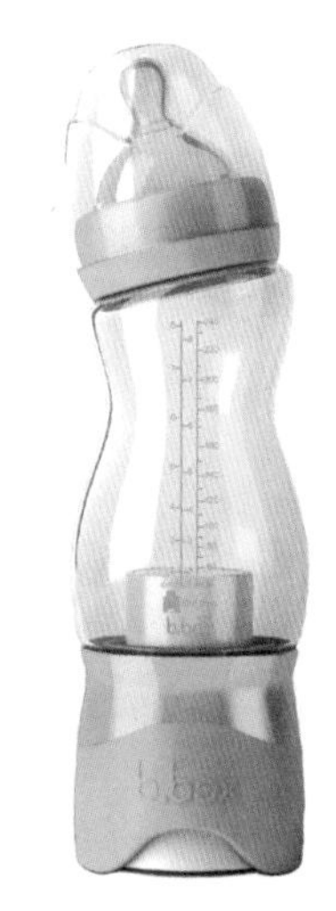

贝博士奶粉盒奶瓶

容量：120毫升/240毫升
口径：标准口径约35毫米
材质：聚丙烯（PP）
（奶瓶及底部储粉盒等）
颜色：玫红色/蓝绿色
价格：318元

图 2-70　竞品分析：市场主要品牌旗下奶瓶产品信息搜集 3

现有竞品分析

吻吻鱼智能奶瓶

容量：120毫升/240毫升
口径：超宽口径约58毫米
材质：高硼硅玻璃（不含双酚A）
保温内胆304食品级不锈钢
颜色：白色；背带红/灰
价格：99~499元（可选配）

优点：
①数字感温，可即时显示水温
②脱离电源状态时可续航5小时
③控制界面极简化，一键交互
④K-LINk磁吸电源接口方便
⑤配备硅胶背带，外出可便携
不足：
①保温胶囊外型圆润，不防滑
②外出时，奶粉需要单独携带

图 2-71　竞品分析：市场主要品牌旗下奶瓶产品信息搜集——主要对标竞品分析及优缺点总结

产品模块搜集——奶瓶

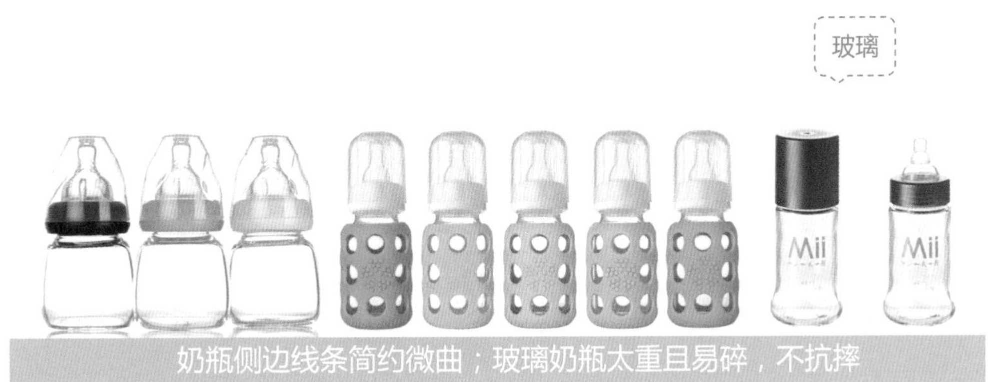

图 2-72　竞品分析：市场主要品牌旗下奶瓶产品信息搜集——分析竞品奶瓶材质特征

高温稳定：玻璃 ＞ 硅胶 ＞ PPSU（PES） ＞ PP ＞ PC

使用寿命：硅胶 ＞ 玻璃 ＞ PPSU (6-8个月) ＞ PP ＞ PC

综合排序：硅胶 ＞ 玻璃 ＞ PPSU (PES) ＞ PP ＞ PC

无害 昂贵 太软	稳定 易碎 太重	无色 无味 实用	无毒 轻巧 氧化	透亮 轻巧 双酚A

图 2-73 竞品分析：市场主要品牌旗下奶瓶产品信息搜集——材质特征总结

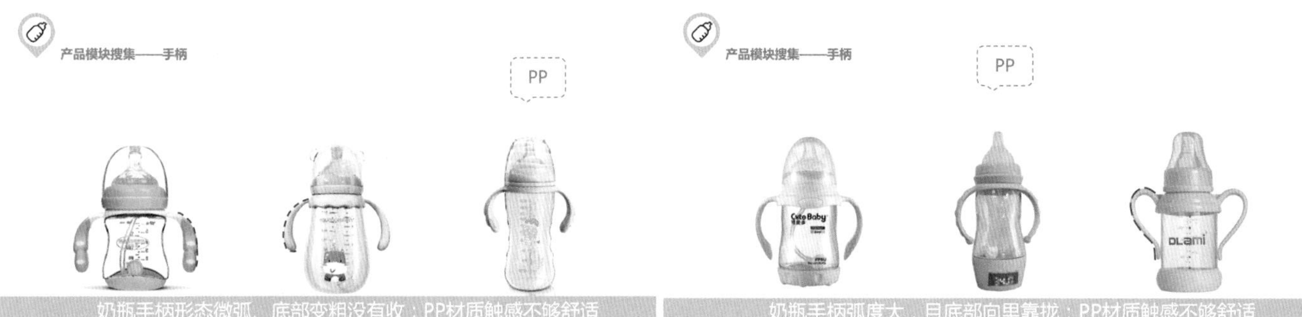

图 2-74 竞品分析：市场主要品牌旗下奶瓶产品信息搜集——分析竞品奶瓶手柄特征

产品价格区间

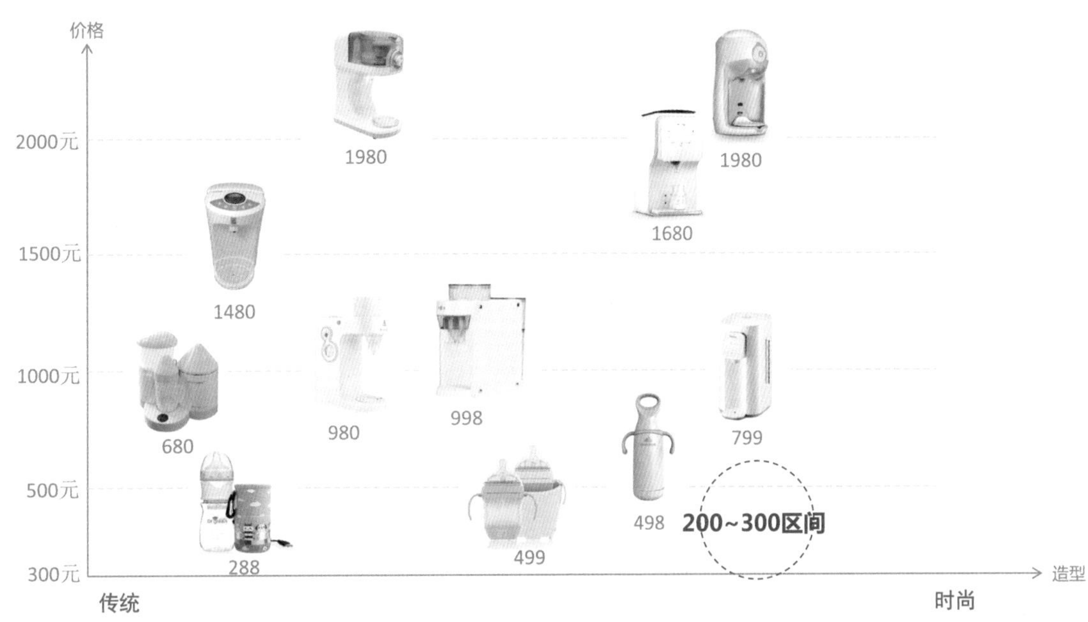

图 2-75 竞品分析：信息总结——总结产品价格区间

竞品分析小结：市场上各个奶瓶品牌推出的产品线涵盖了不同的用户需求及使用场景。其中主销产品价格段集中在200至300元之间，多为塑料奶瓶。功能配置上多为基础功能，在产品卖点上加入了知识产权（IP）形象、防摔材质、防胀气设置、吸管杯等细节，吸引消费者。在消费者反馈的问题中，奶瓶的清洁问题、操作便利性问题较为集中且突出。

2.用户研究

核心价值：洞察潜在需求，找到用户痛点和痒点。

招募真实用户，通过观察用户行为习惯、产品使用全流程，访谈用户对产品的认知、使用反馈及期待，发掘用户痛点及潜在需求（图 2-76 至图 2-81，表 2-2、表 2-3）。

取出奶粉　量取奶粉　调水温　冲奶　摇匀

图 2-76 用户研究：观察使用习惯——通过还原用户真实流程，找到用户使用痛点，发掘潜在需求

表2-2　冲奶传统流程

准备过程	冲奶过程	清洁过程
1.拆分 ①打开防尘盖　②打开奶嘴 ③提前烧热水、准备凉白开（或者直接有备用温开水）	**1.冲奶** ①双手搓奶瓶，搅拌均匀 ②手背试温	**1.分拆** ①打开防尘盖　②打开奶嘴 ③倒掉残奶
2.装粉、装水 ①倒入冷热水、兑温水 ②加入适量奶粉	**2.喂宝宝** ①待温度合适再喂宝宝	**2.清洗** ①清洗奶瓶、奶嘴、防尘盖 ②高温消毒、干燥
3.装配 ①安装奶嘴 ②安装防尘罩		**3.收纳** ①安装奶嘴 ③安装防尘盖

表2-3　新型冲奶流程

准备过程	加热过程	冲奶过程	清洁过程
1.拆分 ①打开防尘盖 ②打开奶嘴 ③拆下储粉盒	**1.接电** ①装入加热套　②接电源线 ③接通电源	**1.冲奶** ①取出奶瓶 ②按压储粉盒 ③ 混合摇匀 ④ 打开防尘盖 ⑤喂宝宝	**1.分拆** ①打开防尘盖　②打开奶嘴 ③打开储粉盒　④倒掉残奶
2.装粉、装温水 ①储粉盒装粉 ②奶瓶调兑好温水	**2.调温** ①打开开关　②保温模式加热（APP控制） ③温度灯光提示	**2.放置** ①装防尘盖 （喂完奶及时清洗）	**2.清洗** ①清洗奶瓶、储粉盒、奶嘴、防尘盖　②消毒、干燥
3.装配 ①安装储粉盒 ②安装奶嘴 ③安装防尘罩	**3.保温** ①自动校准温度（3-5小时） ②状态提示	**3.装配** ①安装奶嘴　②安装防尘罩	**3.收纳** ①安装储粉盒　②安装奶嘴 ③装防尘盖　④装进保温套 ⑤整机收纳

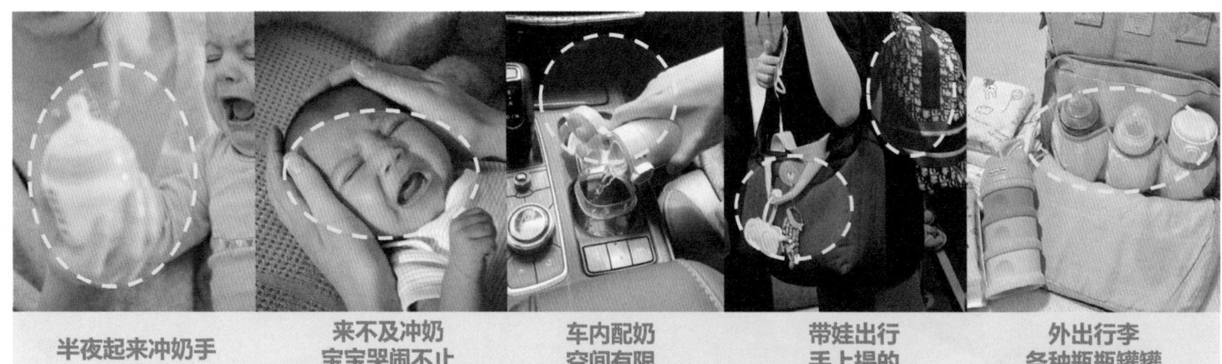

图 2-77　用户研究：用户痛点切片——通过对大量样本的操作流程进行切片，找到用户高频痛点

用户核心痛点1： 冲奶时奶瓶盖取下来随手放置，造成卫生问题。

图 2-78 分析用户核心痛点 1

用户核心痛点2： 操作过程不便捷，烦琐，耗时。

图 2-79 分析用户核心痛点 2

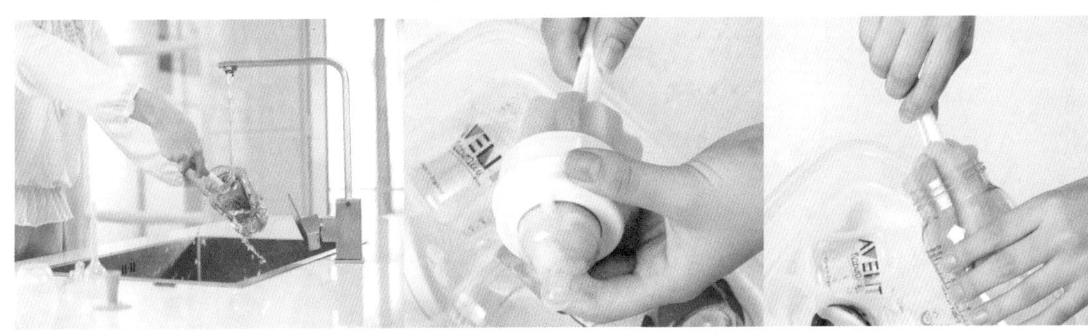

用户核心痛点3： 奶瓶螺纹有很多清洁死角，清洁不便。

图 2-80 分析用户核心痛点 3

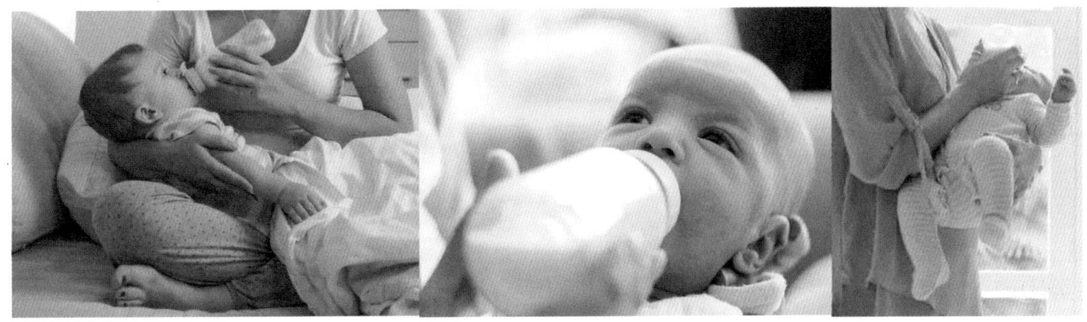

用户核心痛点4： 仰头喝奶或者竖立奶瓶喂奶，容易造成呛奶，影响宝宝健康。

图 2-81 分析用户核心痛点 4

用户研究小结：在用户行为研究及访谈中，多数宝爸宝妈对于冲奶这件事情颇有看法，尤其是新手父母，觉得冲奶的过程较为烦琐。在用户行为分析中，反馈的产品痛点（热点问题）多集中在奶瓶的清洁、冲奶时的便捷性，以及喝奶呛奶、胀气等问题。在产品设计中，将重点关注并解决这些问题。

3.产品策略

核心价值：构建产品策略。

根据市场调查、竞品分析及用户行为研究得出的结论，合理地定义产品，制定产品策略。（表2-4、表2-5）

我们将用户需求设定为“便捷”“安全卫生”“人机性”“设计”这四个关键因子。对每个

表2-4 产品策略：划分用户需求层级

	便捷	安全卫生	人机工效	设计
魅力需求	功能端： 均匀加热母乳 无线充电 设计端： 单手操作	功能端： 无清洁死角 APP端： 高温消毒状态提醒 奶瓶防跌落报警	功能端： 易抓握 防呛奶 设计端： 奶瓶容量可调	形态/色彩： 形成品牌视觉识别特征 设计外部选配件，满足特殊需求 材质： 感温敏感材料应用
期望需求	功能端： 水温可调，精准控温 奶瓶消毒功能 设计端： 交互防呆设计 隔代喂养，无障碍	功能端： 奶瓶消毒功能 童锁功能 设计端： 奶瓶防摔设计	功能端： 增加开机及按键声音反馈 水温可调，精准控温 设计端： 可换奶嘴，满足各年龄宝宝需求（多档流量）	形态： 考虑产品不同环境的融合使用效果 材质： 高级加热保温材料
基本需求	功能端： 快速精准热水 持续热水恒温（携带） 水和奶粉一体，快速混合冲调 满足不同环境下的充电需求 设计端： 体积小巧，满足不同环境携带需求	功能端： 水温提示 充电区域防尘防水设计 设计端： 奶嘴防尘防胀气设计 食品级耐热材料的应用 各模块分离式结构，方便拆洗	功能端： 加热完成提示 充电方便，电量提示 设计端： 小巧，方便拿取收纳，优化内部结构 各模块布局合理，减少操作流程及误操作 手握区域舒适度（造型+材料+表面处理） 奶瓶喂养的角度设计，底部防滑垫 奶粉及奶水区域可视	形态： 符合婴儿类产品设计的属性 线条亲和，小巧便携 母乳仿真型奶嘴设计 材质： 机身防摔、防滑材料应用 食品级耐热材料的应用

表2-5 产品策略：产品卖点分级

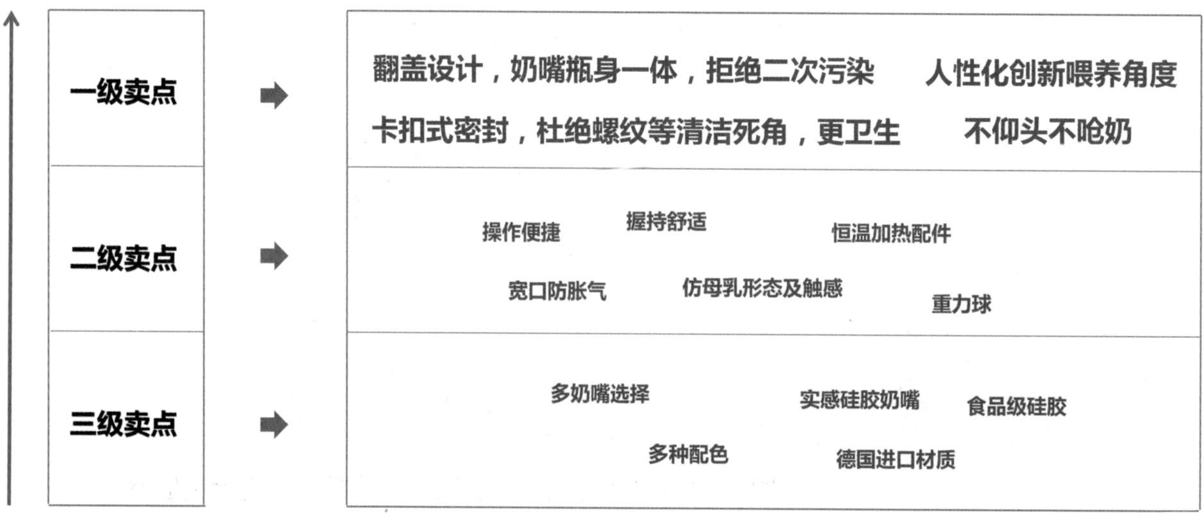

一级卖点	翻盖设计，奶嘴瓶身一体，拒绝二次污染　人性化创新喂养角度 卡扣式密封，杜绝螺纹等清洁死角，更卫生　不仰头不呛奶
二级卖点	操作便捷　握持舒适　恒温加热配件 宽口防胀气　仿母乳形态及触感　重力球
三级卖点	多奶嘴选择　实感硅胶奶嘴　食品级硅胶 多种配色　德国进口材质

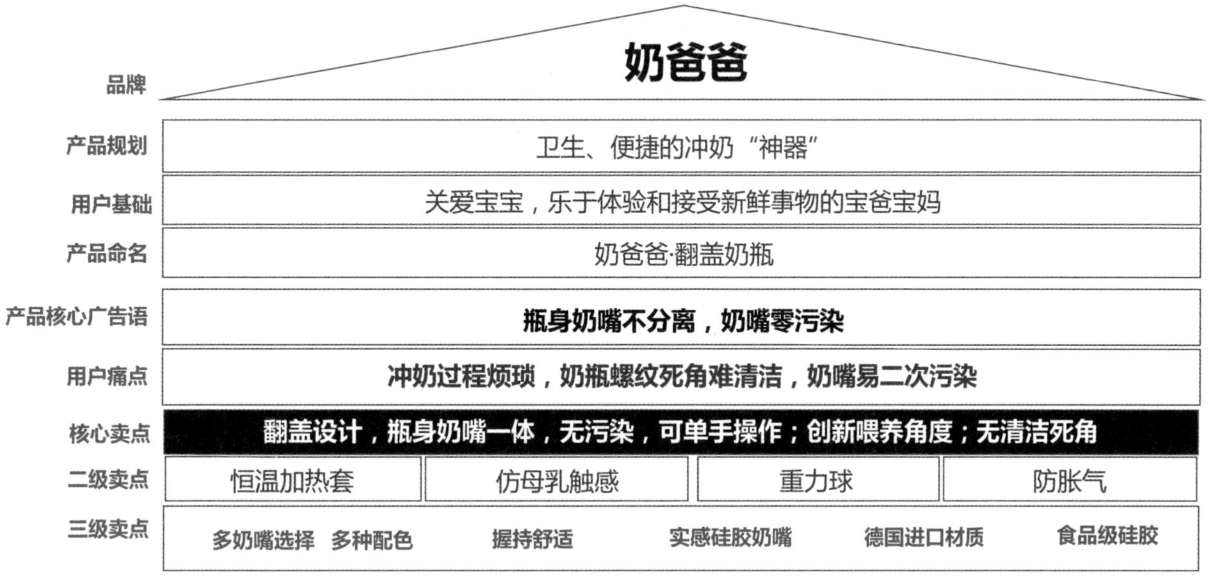

品牌	奶爸爸			
产品规划	卫生、便捷的冲奶“神器”			
用户基础	关爱宝宝，乐于体验和接受新鲜事物的宝爸宝妈			
产品命名	奶爸爸·翻盖奶瓶			
产品核心广告语	**瓶身奶嘴不分离，奶嘴零污染**			
用户痛点	**冲奶过程烦琐，奶瓶螺纹死角难清洁，奶嘴易二次污染**			
核心卖点	**翻盖设计，瓶身奶嘴一体，无污染，可单手操作；创新喂养角度；无清洁死角**			
二级卖点	恒温加热套	仿母乳触感	重力球	防胀气
三级卖点	多奶嘴选择 多种配色	握持舒适	实感硅胶奶嘴	德国进口材质 食品级硅胶

图 2-82 产品策略：产品定义

关键因子对应的需求进行层级划分，并从技术及结构两个维度提出相应的解决方向或方式。

产品策略小结：根据用户研究中发掘的用户痛点，需要结合竞品及市场差异化思考，在产品中，重点解决用户的操作便捷性、易清洁及防呛奶等问题，同时，加入恒温加热、食品级材料、握感舒适等卖点，打造差异化创新产品，提升产品竞争力。针对以上需求，通过创意的发散，最终确定以“翻盖奶瓶”为核心，定义一种新型奶瓶（图 2-82）。

（二）形态设计流程

1.任务一：形态分析

核心价值：通过分析洞察，设定合理的形态设计方向。

通过对前期用户研究发掘到的用户需求及使用痛点的理解和洞察，准确判断市场行情，把握产品形态风格发展趋势，构建差异化的形态设计特征，并分析思考产品形态设计应如何解决用户痛点。

（1）任务目标

①培养学生对品牌的理解和分析能力，将品牌形象及理念转换为设计关键词的能力。

②培养学生有效收集、整理市场及竞品信息资料的能力。

③培养学生对竞品形态的分类能力，以及趋势总结的能力。

④培养学生对产品属性的理解能力，并针对产品属性提炼产品形态设计关键词的能力。

⑤培养学生分析问题的能力，以及提炼总结形态设计定位关键词的能力，锻炼学生将用户需求洞察转换为形态设计要点的逻辑思维。

⑥培养学生定向搜集形态设计素材、提取灵感的能力。

（2）任务内容

①分析奶爸爸的品牌形象及理念，总结品牌形象对应到产品形态设计中的关键词（举例，奶爸爸品牌关键词：专业，安全）。

②通过桌面研究，对市场上的现有产品进行详细的产品形态风格信息的搜集与整理，对竞品形态和风格进行分类，建立产品形态风格坐标系（图 2-83）和竞品形态风格雷达图（图 2-84），分析本产品形态风格可以发展的空缺方向（图 2-85）。

③结合产品形态分析坐标系和竞品风格雷达图，分析竞品奶瓶各部件形态（图 2-86）。

④分析产品属性（母婴用品，婴幼儿使用为主）对产品形态设计的限制和影响，提炼设计关键词（举例，母婴用品，婴幼儿接触较多，形态应体现安全感，有一定的亲和力）。

⑤回顾前阶段用户研究过程及结论，针对用户使用奶瓶（冲奶、喂奶、清洁等）过程中的需求和痛点，分析总结对应的产品形态设计定位关键词（表 2-6）。

⑥对设计关键词进行解读，针对每个关键词进行意向图搜集整理，意向图要能体现关键词特点（图 2-87）。

（3）任务实施

①按 4 人一组的方式进行工作分配。

②讨论背景资料（市场调研、用户研究、产品定位、产品属性、品牌理念），明确目标产品的策略与定义，分析品牌形象对应到产品形态设计中的关键词。

③通过各大网络平台或相关网站查阅资料，收集市场现有产品信息和本产品竞品的详细信息，建立形态坐标系和形态风格雷达图，分析竞品奶瓶各部件形态，并分析市场上空缺的产品形态风格板块。

④分析产品属性，提炼设计关键词。

⑤针对用户痛点，进行头脑风暴，总结形态设计如何改善用户体验。

⑥梳理分析资料，并对资料进行直观图形化展示，总结输出结论。

⑦基于以上结论，分类搜集意向图、参考图，将产品设计方向转换为意向图，将形态设计方向更直观地呈现出来。

（4）任务评价

见表 2-7。

（5）课后作业

①对市场上产品形态风格发展趋势的调研结论进行整合，总结前期用户研究的结论，以 PPT 形式输出竞品形态调研结论和产品形态定位关键词。

②对设计关键词进行解读，针对每个关键词进行意向图搜集整理，阐明其形态特点及关键要素，形成 PPT，以指导后续的方案绘制。

（6）思考题

产品形态如何与时俱进，满足不同时期人们对于美的需求？

（7）任务实施示范

如图 2-83 至图 2-87 所示。

产品形态风格趋势：目前市场上的现有产品的形态设计风格偏向于圆润和传统，形态风格趋势向个性化发展。

图 2-83　形态分析：制作产品形态风格坐标系，分析现有产品流行风格趋势

竞品形态风格走向分析：本产品对标的竞品品牌中，贝亲和小土豆的产品设计风格个性化元素较少，形态较为圆润，会使用较多卡通元素;夕尔（Babycare）的产品也比较圆润，但个性化的产品较多，在设计上也多运用卡通元素;可么多么的产品圆润简洁，具有个性；世喜和赫根（Hegen）的产品较为理性，富有几何感，也具有个性。

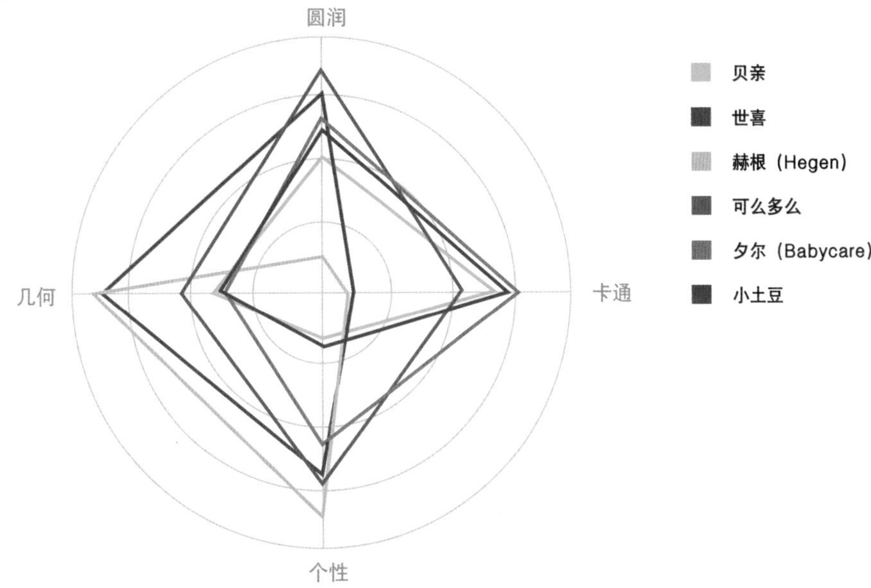

图 2-84　形态分析：制作竞品形态风格雷达图，分析对标的竞争对手产品的形态风格走向

产品形态风格空缺方向：如图可见，目前市场上产品形态风格较为空缺的方向为偏硬朗且个性化的方向。

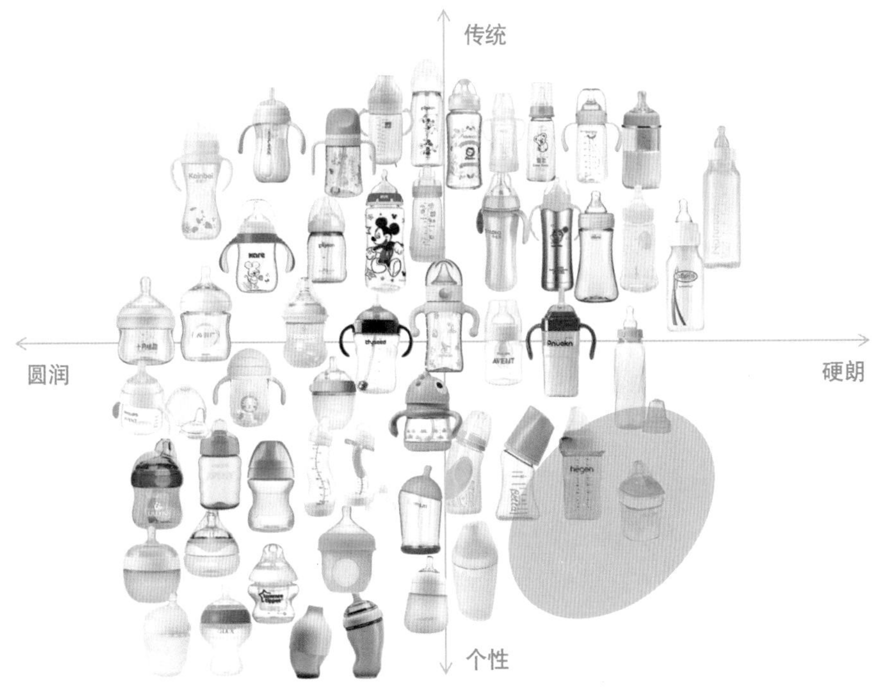

图 2-85　形态分析：分析市场上空缺的产品形态风格板块

造型趋势——奶嘴防尘盖

1.圆顶
造型可爱、圆润、无棱角

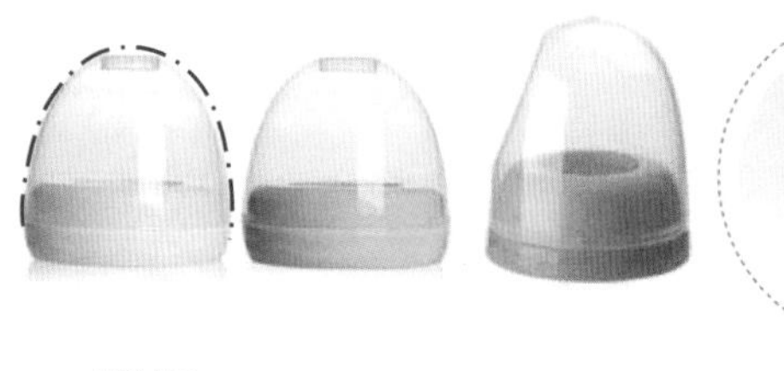

2.平顶
侧面微弧度、顶部平直

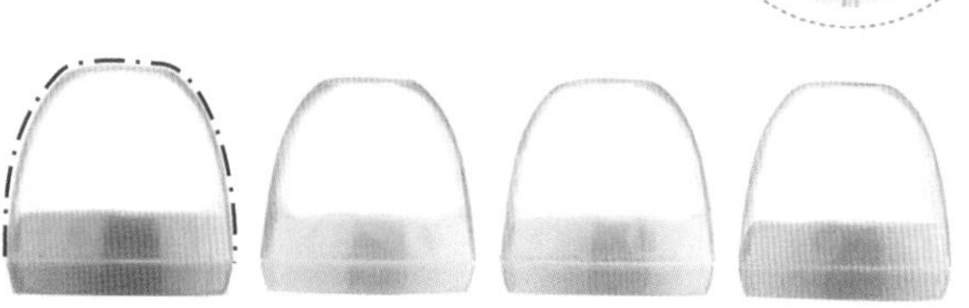

3.阶梯
侧面有台阶、人机关系协调省力

造型趋势——保温套

1.全包围
便携外出、整体防护、简洁方便

2.半包围
对比明显、局部可视化、取拿方便

3.半 / 全包围
更多的选择、随机应变

图 2-86　形态分析：分析竞品奶瓶瓶盖与保温套的形态特征

关键词-亲和力：形态圆润，饱满，线条优雅，面与面的衔接过渡柔和

关键词-安全感：形态稳定，倒角圆润，材质环保自然

关键词-个性化：造型独特，色彩跳跃，材质碰撞

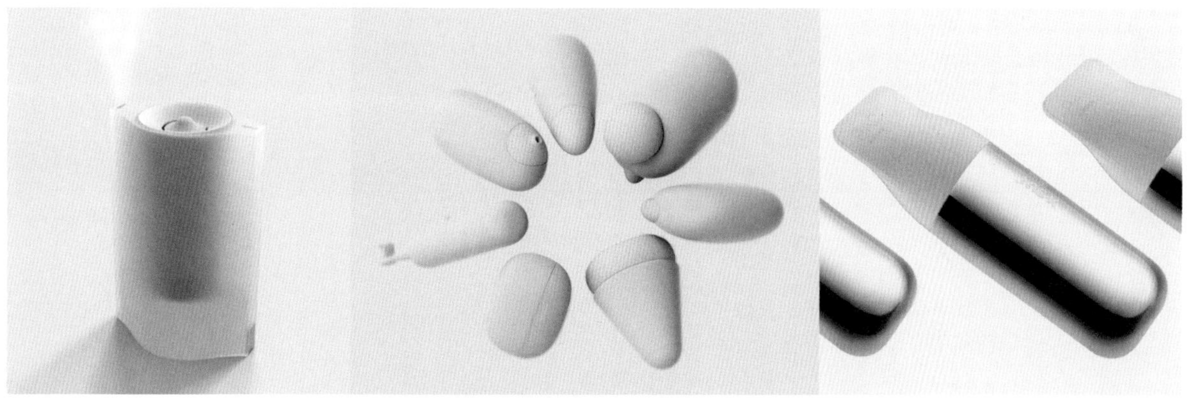

图 2-87　形态分析：分析关键词，搜集与关键词对应的意向图

表2-6 形态分析：制定产品形态设计具体定位关键词（从用户特征、功能需求、结构需求的角度归纳）

前期调研结论		产品形态设计定位
用户特征	乐于体验和接受新鲜事物的宝爸宝妈	个性化方向
功能需求	操作便捷、防呛奶以及易清洁	一体化设计、防翻滚、人性化喂养角度、卡扣式密封和敞口设计
结构需求	无须拧盖，可以单手操作	翻盖设计

注：本产品的用户特征为关爱宝宝，乐于体验和接受新鲜事物的宝爸宝妈，从中我们可以提炼出本产品形态的设计风格为个性化方向。在功能需求方面，核心需求为操作便捷、防呛奶以及易清洁，对应到形态设计上分别为一体化设计、防翻滚、人性化喂养角度、卡扣式密封和敞口设计。结构需求为无须拧盖，可以单手操作，对应到形态设计上为翻盖设计。

表2-7 任务评价

评价指标	评价内容	分值	自评	互评	教师
协作能力	能够为小组提供信息，参与讨论，提出方法，阐明观点	10			
信息收集能力	详尽、细致地搜集市场相关信息；能够定向搜集形态设计素材、提取灵感	30			
形态分析与定位能力	多角度深入分析市场现有产品形态风格趋势，找准产品形态设计定位	50			
汇报展示能力	通过PPT完整、清晰地传达工作任务的内容	10			

2.任务二：形态推敲

核心价值：发散构思产品形态，通过对比、分析、验证，确定最适合的产品形态。

综合调研分析结论及形态设计方向，通过手绘、简易模型等方式进行形态发想，选择平衡性更优的方案进行反复推敲。

（1）任务目标

①培养学生对形态设计的理解及创新能力。

②培养学生产品形态发想能力。

③培养学生对设计方案的原理及内部结构的理解与分析能力。

④培养学生对形态评价的能力。

⑤培养学生对产品形态推敲的能力。

⑥培养学生精益求精的工匠精神。

⑦培养学生共同决策的能力。

（2）任务内容

①总结意向图素材所传递的产品形态、色彩、材料工艺等特征，提取设计元素。

②对所提取的设计元素进行重塑，融入本产品的形态设计中，并利用快速手绘直观呈现与表达设计方案，对奶瓶基础形态进行推敲（图2-88）。

③制作简易模型探索产品结构，思考产品形态应如何满足用户使用需求（图2-89、图2-90）（举例，形态设计中如何防止奶瓶翻滚？如何设置奶嘴与瓶身的位置及角度防止呛奶？）

④利用手绘草图表达整体形态设计创意，对奶瓶、奶瓶盖、奶嘴的整体形态进行发想（图2-91）。

⑤基于产品形态维度评价表格，筛选出平衡性较优的方案（表2-8）。

⑥分析筛选结果，可以将不同设计方案中的优

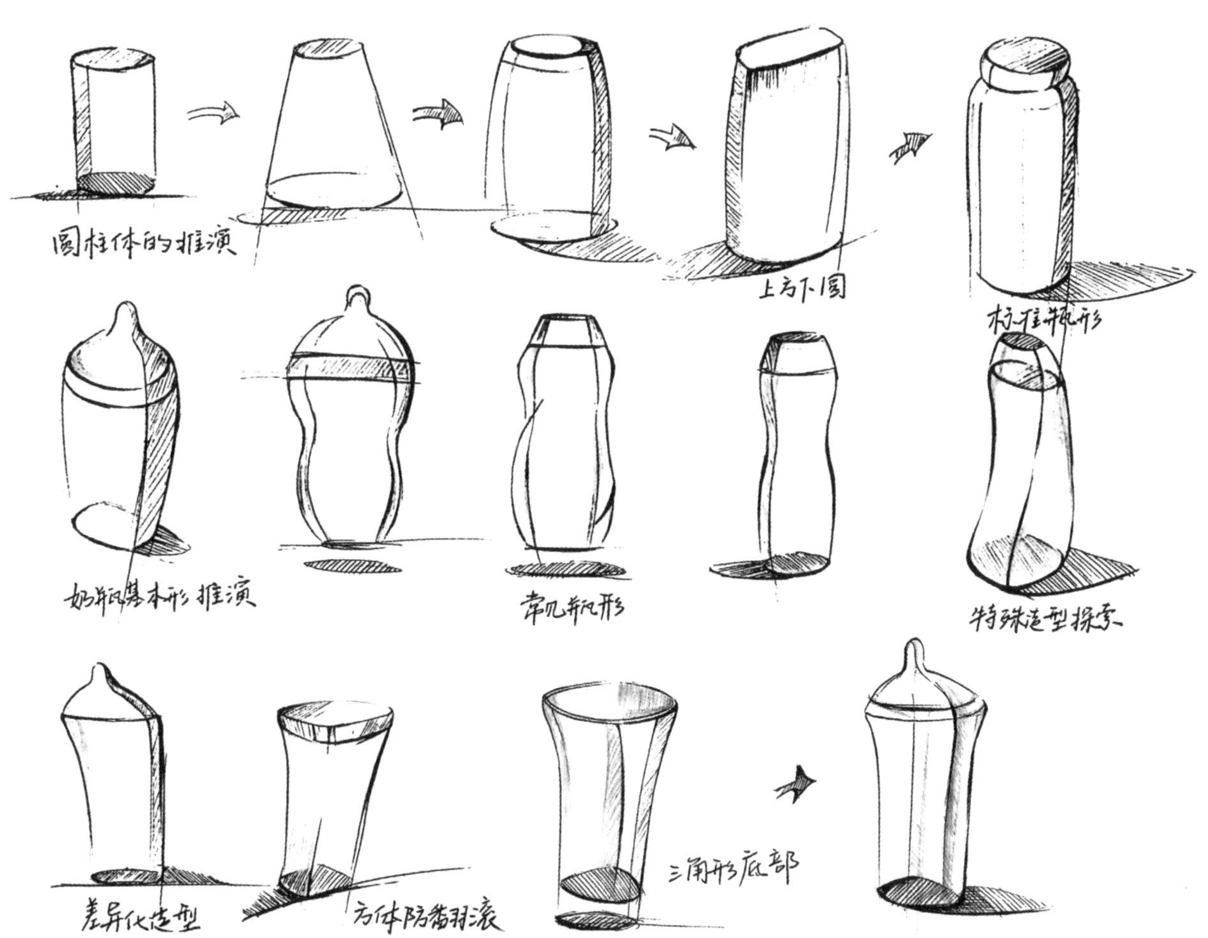

图2-88　推敲奶瓶的基础形态

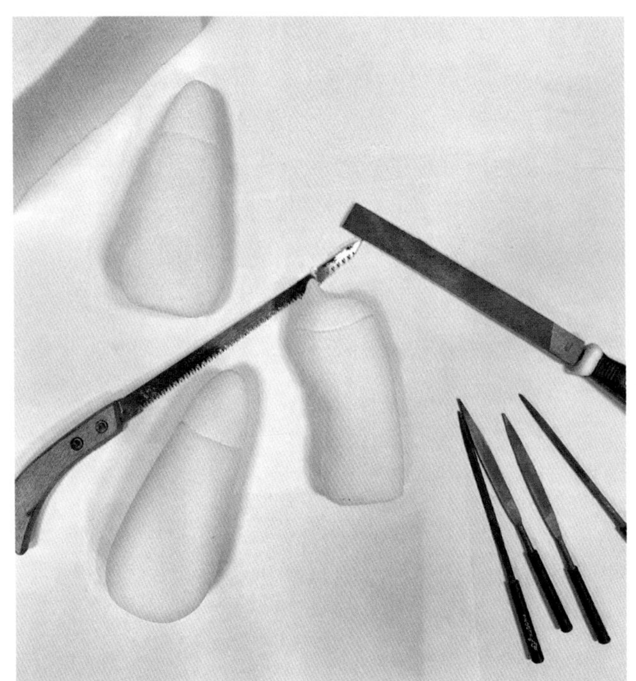

图 2-89　简易泡沫模型制作 1

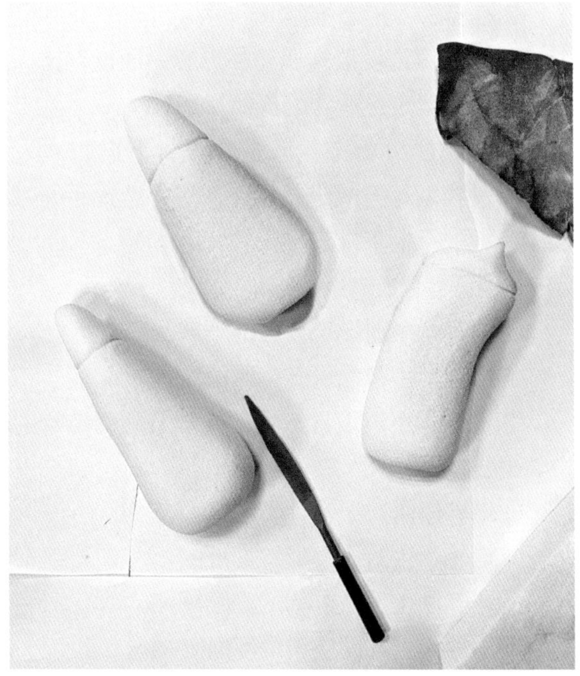

图 2-90　简易泡沫模型制作 2

势特征整合，构成新的设计概念，形成优选方案，并继续推敲优选方案多角度形态、二维比例和使用细节等（图 2-92 至图 2-94）。

⑦制作草模，研究产品的结构与功能，推敲结构细节，探讨使用方式、人机尺寸、使用环境等（图 2-95、图 2-96）。

（3）任务实施

①小组讨论意向图素材所传递的产品形态、色彩、材料工艺等特征，分析提取设计元素。

②每位同学根据提取出的设计元素完成奶瓶基础形态创意草图发想 20 个。

③小组合作研究产品的结构与功能，制作简易模型探索和实验能够满足用户需求的基础形态。

④每位同学完成奶瓶整体形态创意草图 20 个。

⑤根据产品形态评价维度表格，小组成员对设计方案进行评价，使用评价表格对各方案评分，讨论筛选出来的较高分方案，确定最终的优选方案。

⑥对选出的优选方案进行多角度形态、二维比例和使用细节等推敲，绘制 10 个二维草图和 20 个三维草图。

⑦对选出的设计方案进行使用方式和人机尺寸推敲，制作 5 个草模进行对比测试，选出最终方案。

（4）任务评价

见表 2-9。

（5）课后作业

①每位同学完成基础形态创意草图 20 个、整体形态创意草图 20 个。

②小组合作完成简易模型 3 个。

③小组完成形态设计评价表格，并根据表格筛选最终的优选方案。

④每位同学对选出的优选方案进一步推敲，10 个二维草图和 20 个三维草图。

⑤制作 5 个草模进行对比测试，选出最终方案。

（6）思考题

结合形态推敲的过程，谈谈对工匠精神的理解。

（7）任务实施示范

如图 2-88 至图 2-96 所示。

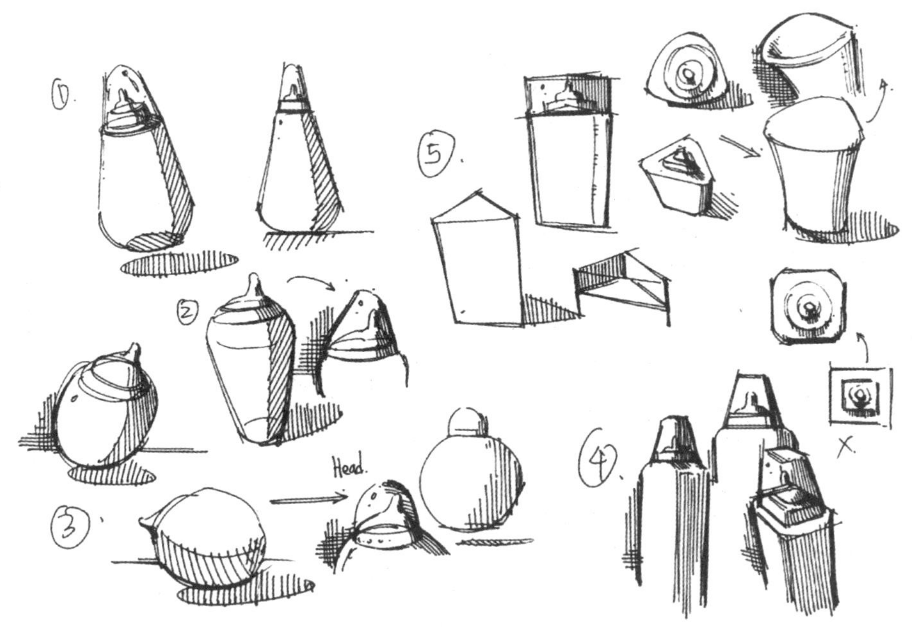

图 2-91　整体形态设计创意表达

表2-8　产品形态评价表

方案	评价方式	产品属性契合度	市场差异性	产品体验改进	合理性	品牌契合度
方案1	权重	30%	20%	20%	20%	10%
	评分	90	60	65	90	85
方案2	权重	30%	20%	20%	20%	10%
	评分	90	85	80	80	85
方案3	权重	30%	20%	20%	20%	10%
	评分	90	95	90	90	85

注：评价维度应关联到所有影响产品形态合理性的因素。

下面对各个维度进行解释：1. 产品属性契合度：契合母婴品类产品属性，适合婴幼儿使用（亲和力、安全性）（对产品属性的准确理解，能够保证产品形态基本面的正确）。2. 市场差异性：产品形态应具有市场的差异，有自身鲜明的识别特征，避免同质化（与市场竞品形成形态的差异化，是设计创新最基础的要求）。3. 产品体验改进：在用户研究中发现的问题是否通过形态设计进行关联的改进升级（如在用户研究中发现奶瓶的单手开盖是一个潜在需求，形态设计中是否解决了这个问题）。4. 合理性：产品结构的合理性、形态对应的材料的加工可行性的基本判断。5. 品牌契合度：产品的形态应符合品牌气质及其理念（类比家电，西门子应是理性的、专业的、极简的；小熊电器应是活泼的、家居感的）。

图 2-92　三角形奶瓶形态推敲

图 2-93　优选方案的二维比例推敲（推敲三角形奶瓶的二维比例）

图 2-94　优选方案的三维多角度形态推敲

图 2-95　草模制作——使用方式和人机工效尺寸推敲 1

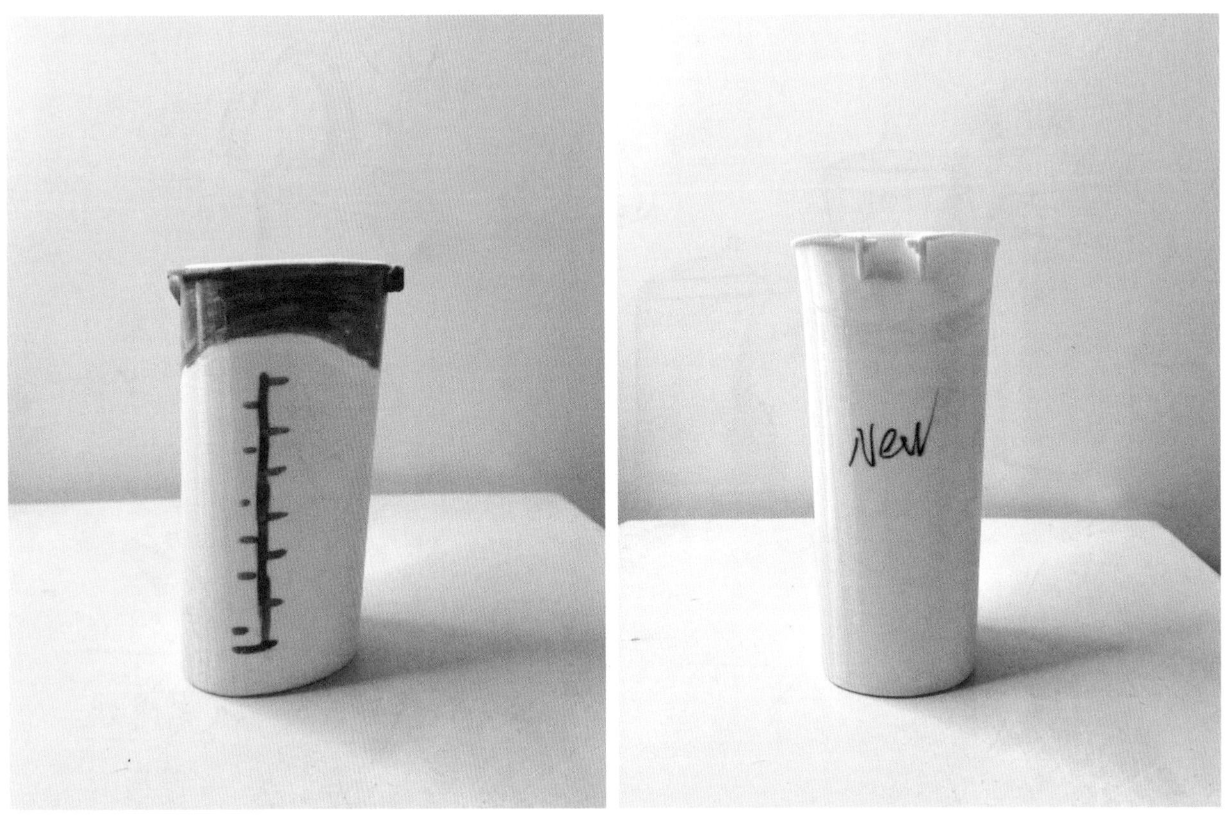

图 2-96 草模制作——使用方式和人机工效尺寸推敲 2

表2-9 任务评价表

评价指标	评价内容	分值	自评	互评	教师
协作能力	能够为小组提供信息，参与讨论，提出方法，阐明观点	10			
形态设计创新能力	在形态发想、评价和推敲的过程中，能够进行形态的创新表达	50			
动手能力	简易模型制作、草模制作与对比验证	30			
汇报展示能力	清晰地表达想法，发布方案	10			

3.任务三：形态完善

核心价值：完善产品形态设计最终效果。

按照生产落地要求，进一步对设计方案进行细节推敲和色彩、材料、表面工艺（Color-Material-Finishing，以下简称“CMF”）设计，运用计算机三维建模渲染及效果图后期处理展现产品形态设计的最终效果。

（1）任务目标

①培养学生对产品进行细节推敲、表面处理及色彩搭配的能力。

②培养学生三维建模渲染及效果图后期处理的计算机运用能力。

（2）任务内容

①制作设计方案的计算机三维模型，进行细节推敲，对比测试曲面线条、尺寸大小、细节形态和结构设计等（图2-97至图2-100）。

②运用三维软件进行渲染，对设计方案进行色彩、材料、表面处理工艺（CMF）搭配的比较练习（图2-101）。

③对产品模型进行打样，还原设计效果，验证产品体验，进一步完善形态细节，针对产品的局部细节，如按键的切角多大，局部结构的转折、凹凸效果如何等进行推敲表现（图2-102）。

④进行效果图后期处理，展示产品的最终效果、应用场景和使用状态等（图2-103、图2-104）。

（3）任务实施

①每位同学制作计算机三维模型，对产品进行细节推敲。

②每位同学运用三维软件进行渲染，对色彩、材料、表面处理工艺搭配进行比较分析。

③对产品模型进行打样，进一步完善形态细节。

④在老师的辅导下修改并进行效果图后期处理，展示方案的效果图、细节图、使用状态图、使用场景图。

（4）任务评价

见表2-10。

（5）课后作业

①提交形态细节推敲的三维建模模型文件1个。

②提供产品打样模型1个。

③提交不同角度的效果图、细节图、使用状态图、使用场景图多张。

（6）思考题

在CMF设计和推敲的过程中如何增强环保意识，践行可持续发展理念？

（7）任务实施示范

如图2-97至图2-104所示。

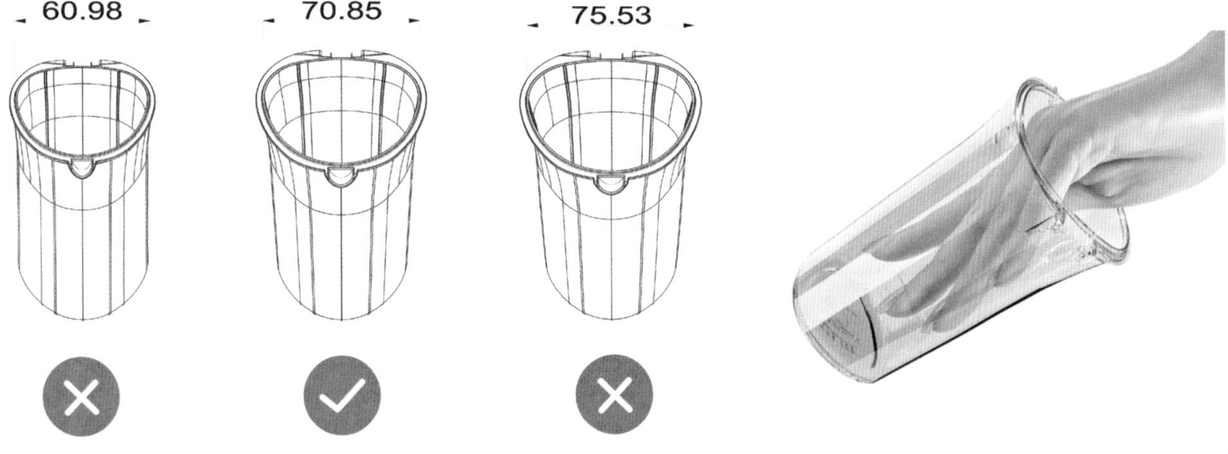

图2-97　形态完善：细节推敲——推敲瓶口尺寸，方便手伸进瓶内清洗（单位：毫米）

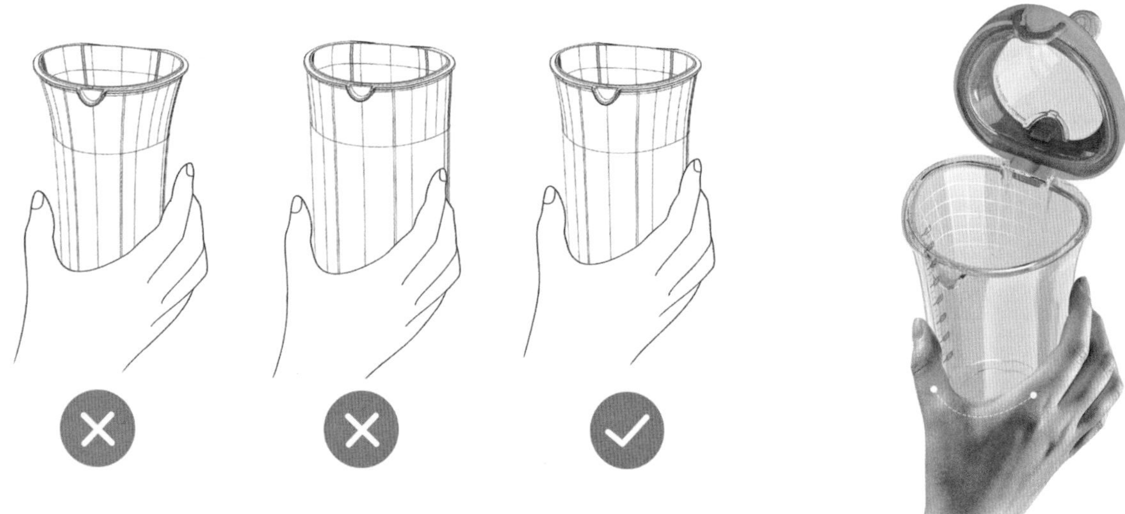

图 2-98　形态完善：细节推敲——推敲瓶身曲面，贴合手掌虎口位置

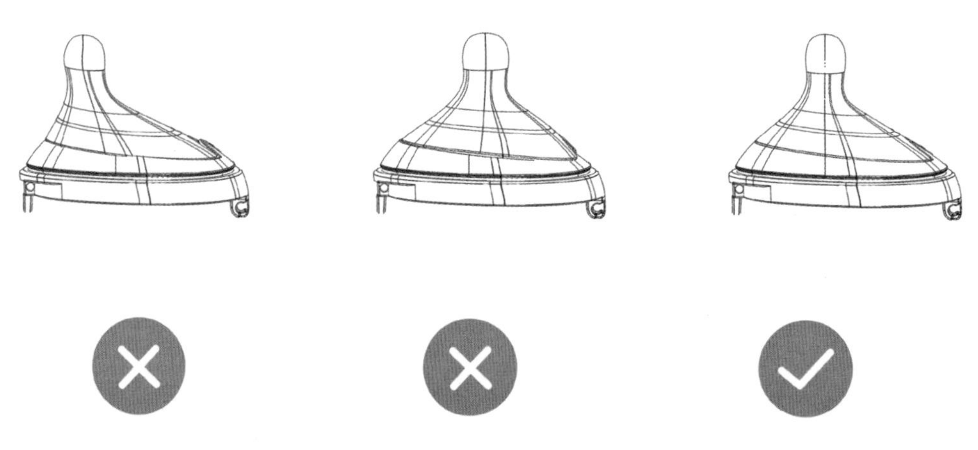

图 2-99　形态完善：细节推敲——推敲奶嘴形态

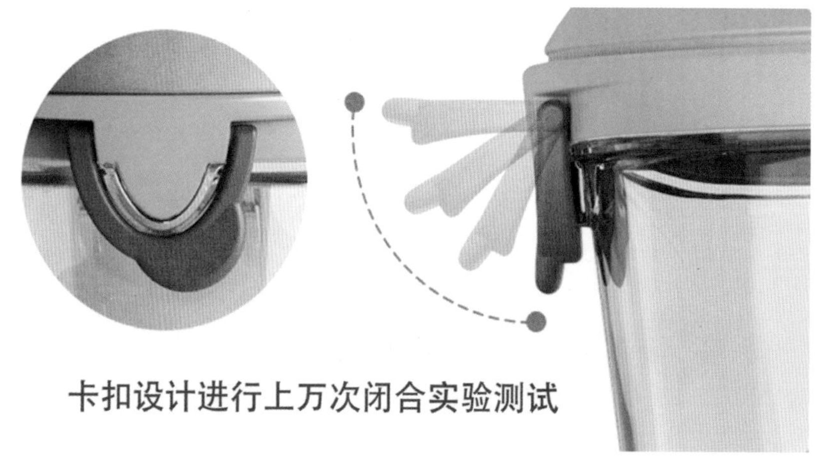

图 2-100　形态完善：细节推敲——推敲卡扣设计

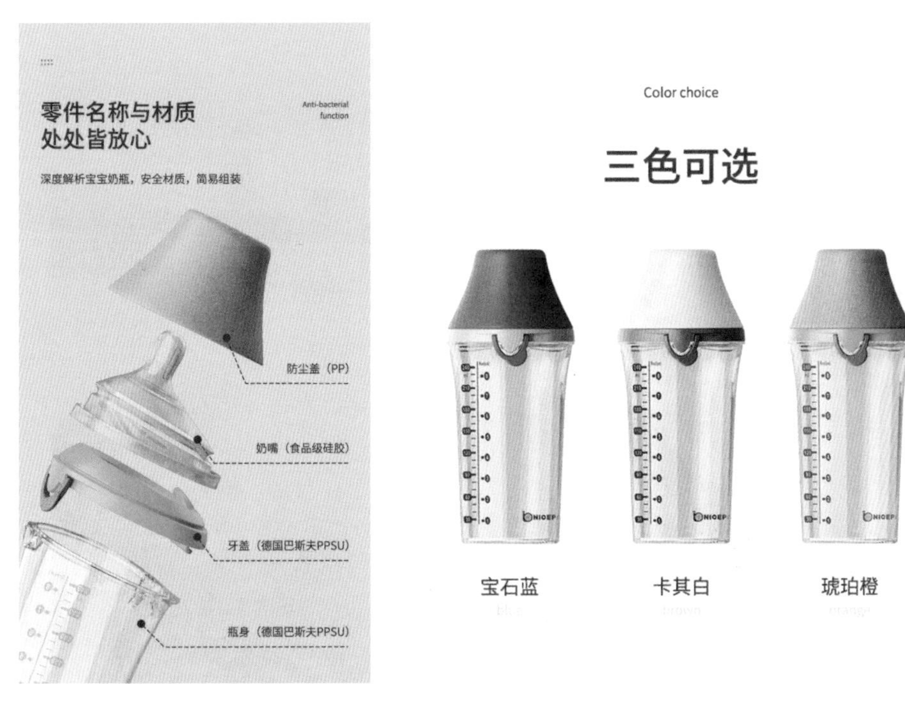

图 2-101　形态完善：CMF 设计——赋予产品合理的色彩、材料、表面处理工艺

图 2-102　形态完善：产品模型打样——还原设计效果，验证产品体验，进一步完善形态细节

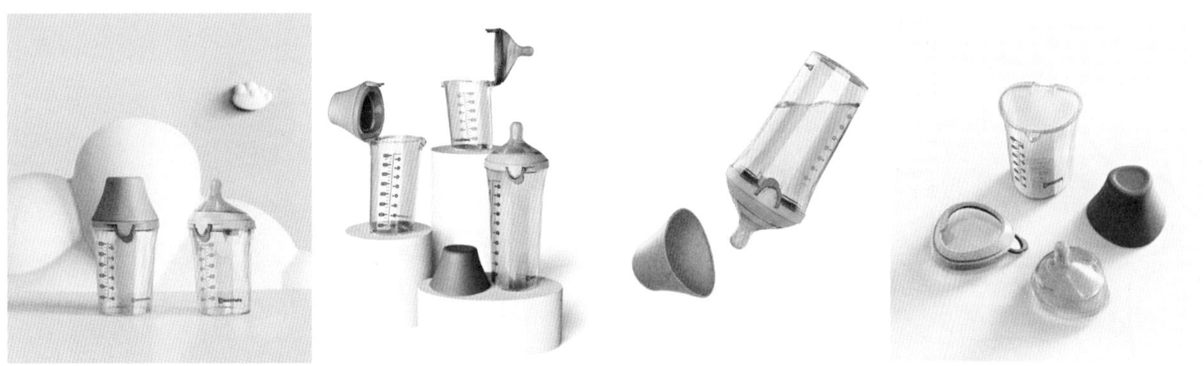

图 2-103　形态完善：三维模型制作与渲染——表现产品形态的最终效果

图 2-104　形态完善：三维模型制作与渲染——制作使用场景效果图

表2-10　任务评价表

评价指标	评价内容	分值	自评	互评	教师
协作能力	能够积极完成小组任务，参加小组讨论	20			
形态完善能力	能够对产品进行细节推敲，对产品的材料、表面处理和色彩搭配进行完善，符合落地生产要求	50			
建模渲染能力	能够用计算机软件完成建模、渲染和效果图制作	20			
汇报展示能力	清晰地表达想法，发布最终方案	10			

（三）产品落地推广流程简介（教学资源见末尾勒口二维码）

1.生产制造

核心价值：实现产品设计创意。

功能原型、性能测试（图 2-105）。

供应链选择及测试沟通（图 2-106）。

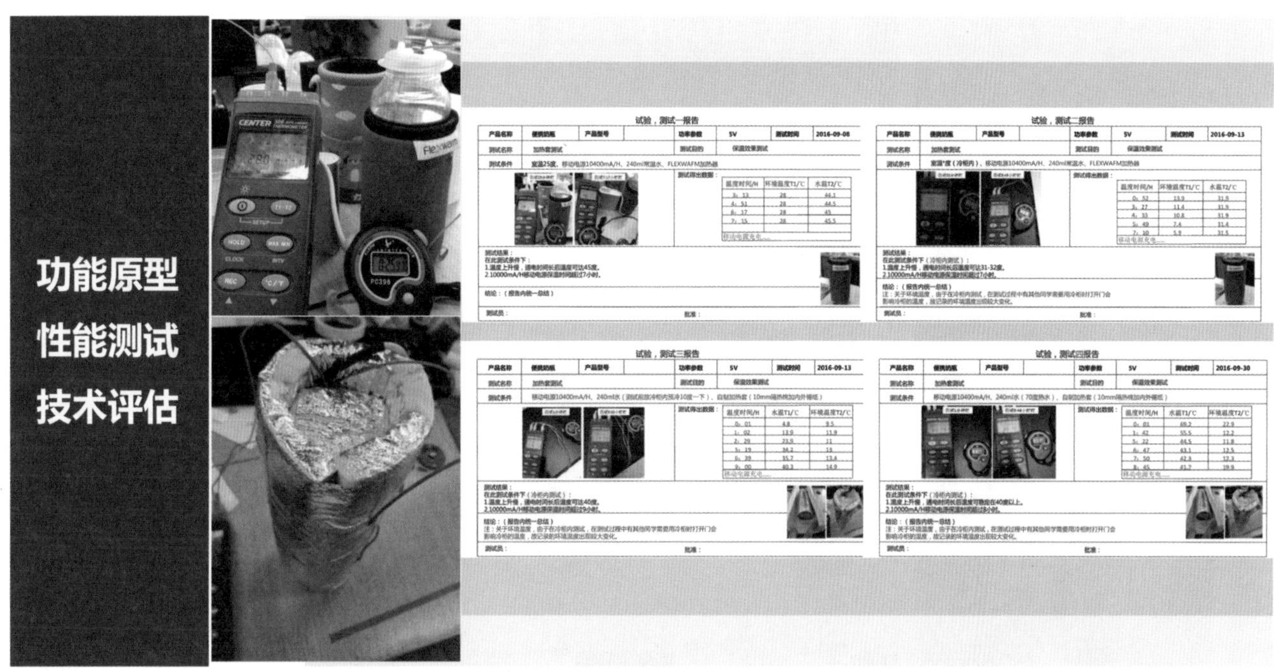

图 2-105　生产制造：制作功能原型，进行性能测试和技术评估

图 2-106　生产制造：供应链选择及测试沟通（设计师与工程师团队、技术团队及供应链团队密切配合，保障产品设计落地，还原设计创意效果）

2.推广策划

核心价值：将产品核心价值进行最佳的呈现和表达，实现有效的用户及市场沟通。

根据产品核心价值进行文案策划、平面设计、推广物料设计（图 2-107）。

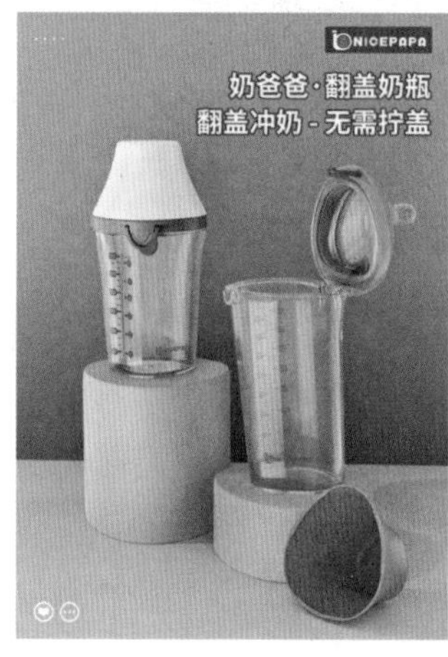

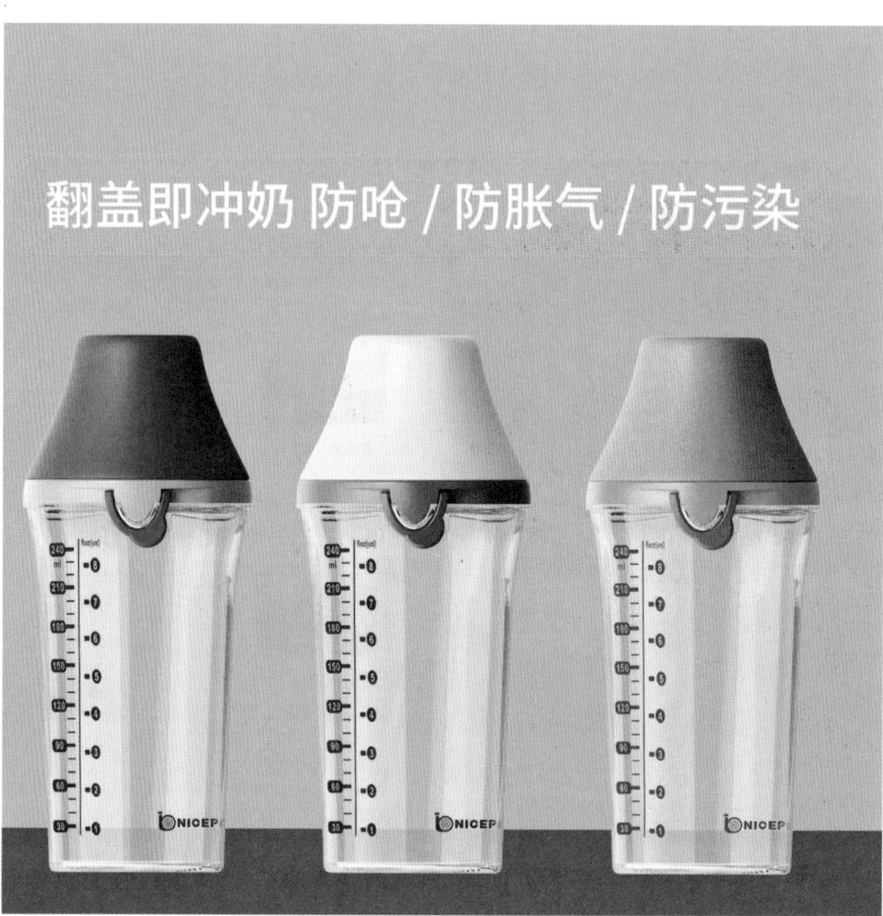

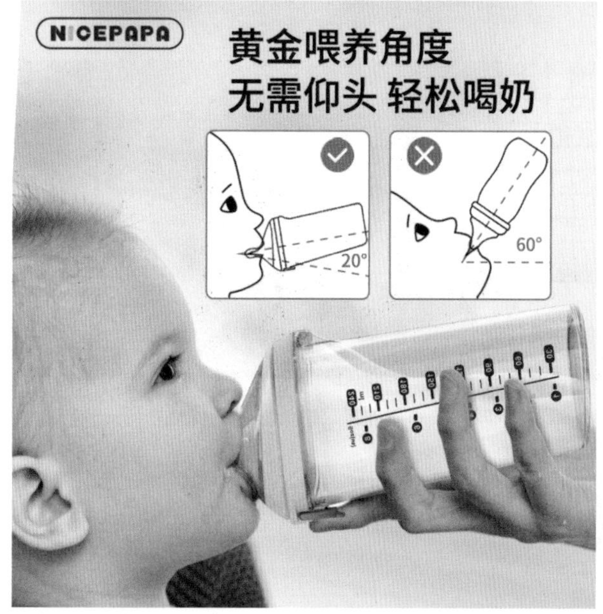

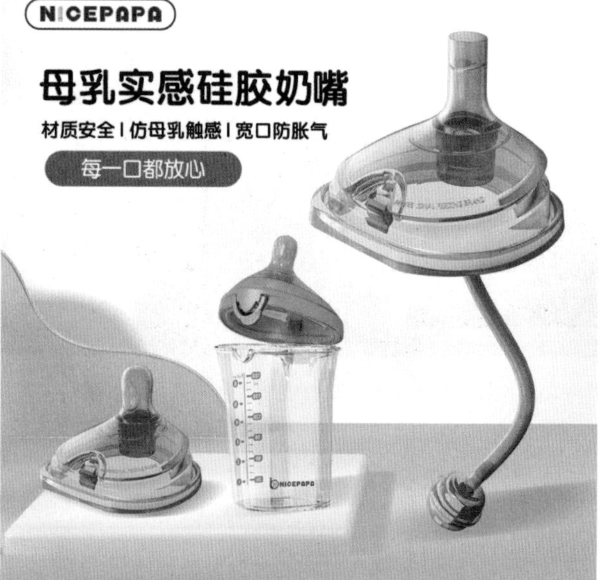

图 2-107　推广策划：推广物料设计

针对产品的每个核心卖点及设计创意，以用户需求为导向，直接有效的广告语及功能卖点的表达，配合简洁生动的画面，引发消费者共鸣，让消费者更易感知和接受产品的卖点。

3.终端展示

核心价值：通过展示设计及体验设计，实现最快的产品收益转化。

在终端卖场，通过差异化的展示陈列设计，凸显品牌及产品（图 2-108）。

产品的核心价值及功能创意，通过产品拆解部件展示，更直接地呈现给消费者，在卖场促进消费转化。

4.价值传播

核心价值：将产品价值准确触达目标用户及市场。

展会推广活动（图 2-109、图 2-110）。

图 2-108　终端展示：展示设计

图 2-109　展会推广 1

线上直播、明星联名。通过线下展会活动及线上大流量节目的赞助，让产品有更多的渠道及机会对外曝光展示，触达更多用户，实现产品的价值传播，促进产品销售。

图 2-110　展会推广 2

第二节　项目范例二：穿戴式设备形态设计

穿戴式设备即直接穿在身上，或是整合到用户的衣服或配件上的一种便携式交互设备。根据目前穿戴式设备佩戴方式的不同，可以将其分为以下几类：①头戴式：智能眼镜、头盔、耳机等。②腕戴式：智能手环、智能手表等。③穿戴式：智能鞋、智能袜子等。④携带式：电子胸贴、便携体脂秤等。穿戴式设备作为个人生活的组成部分，其设计的品位和质量是彰显消费者个人品位的重要载体。人们在生活水平提高以后的消费升级，以及新生代的个性化需求，为广大设计师提供了一个施展创意才华的广阔空间。

一、项目要求

（一）项目名称

穿戴式设备形态设计。

（二）项目介绍

研究消费者的生活状态、行为特征和品位爱好，发现生活中存在的问题和需求，创造性提出人机友好、个性化的解决方案，是本项目实训的目标。本项目通过穿戴式设备产品的设计实训，侧重于“形态分析→形态推敲→形态完善”的形态设计方法训练，使学生掌握穿戴式设备的设计要点和方法，设计出满足用户个性化需求、具备市场竞争力、创新性高的穿戴式设备。

（三）实训内容

根据企业提供的穿戴式设备真实项目的具体要求，进行形态创新设计。

（四）实训目标

知识目标：了解影响产品形态设计的客观因素，掌握产品形态设计的基本原则，掌握穿戴式设备形态设计的程序与方法。

能力目标：通过训练，掌握穿戴式设备形态设计的专业技能。

思政目标：培养学生以人为本的设计思维，培养工匠精神、团队精神，助力高质量发展。

（五）重点

考虑用户的舒适性、便捷性和易用性。学习如何分析用户需求和行为，通过人机工程学原理和用户研究方法来设计符合人体工程学及用户体验的产品形态。

考虑穿戴式设备的时尚性和个性化特征，学习如何设计符合时尚趋势和用户个性化需求的产品形态。

掌握穿戴式设备形态设计的方法。

（六）难点

了解传感器技术、智能控制、无线通信等技术的原理和应用方式，并灵活运用到穿戴式设备的设计中。

材料选择对于穿戴式设备的舒适性、耐用性和外观设计都非常重要。需学习不同材料的特性和适用性，根据产品的功能和形态需求选择合适的材料，设计出具备商业价值的符合落地生产要求的解决方案。

（七）作业要求

制作调研 PPT1 份，输出产品调研结论和产品形态定位方向。

绘制基础形态创意草图 20 个、整体形态创意草图 20 个，探索符合形态定位方向和满足用户需求的产品形态。

制作简易模型 3 个，探索符合用户需求的产品结构。

绘制多角度形态推敲草图 10 个，推敲多角度形态、二维比例和使用细节等。

制作草模 5 个，进一步推敲结构细节，探讨使用方式、人机尺寸、使用环境等。

制作三维建模模型文件 1 个，完成产品的三维呈现。

制作产品效果图、使用状态图多张，展示产品的最终效果、应用场景和使用状态等。

制作外观打样模型 1 个，呈现产品的实物效果。

总结梳理最终的汇报 PPT1 份，展示设计过程与设计成果。

（八）整体作业评价

创新性：设计概念创新。

美观性：外观造型设计符合用户审美需求。

完整性：问题的解决程度、执行及表达的完善度。

可行性：方案具备市场价值及实现的可行性。

（九）思考题

设计师如何通过设计创新满足人们的个性化需求，体现以人为本的设计理念？

二、设计

（一）企业作品

作品名称：超级工艺（X-Craft）混合现实眼镜

制造商：杭州灵伴科技有限公司

设计解码：超级工艺（X-Craft）混合现实眼镜专为操作培训、远程支持、工厂检查、维护复杂生产设备等工作而设计。眼镜的混合现实显示、语音和图像识别算法以及 5G 传输增强了工人对工业环境的感知，让工人可以通过眼镜完成 3D 设计预览、设置远程协助和工作项目管理等。该产品极大地提高了工人的工作效率，减少了因操作失误导致的工业事故。产品形态设计上，超级工艺眼镜的头环形态能做到适配标准安全帽，整体形态强调实用性，给人结实耐用的印象，符合工程作业的场景特点（图 2-111）。

图 2-111　超级工艺（X-Craft）　混合现实眼镜　杭州灵伴科技有限公司

作品名称：飞行眼镜 2 号（Goggles 2）

品牌：大疆

设计解码：大疆飞行眼镜 2 号（Goggles 2）支持头部追踪功能，仅重 290 克，采用一体化轻量设计，头带与电池合二为一，告别连接线束缚，摘戴更方便利落。含电池头带的重量分布更均衡，可减轻面部压力，提升佩戴舒适度，面罩材质柔软，与面部贴合度高，大幅改善了漏光问题。整体形态营造一种冷峻的未来科技感（图 2-112）。

图 2-112　飞行眼镜 2 号（Goggles 2）　大疆

作品名称：华为虚拟现实（VR）眼镜

品牌：华为技术有限公司

设计解码：华为虚拟现实（VR）眼镜（图 2-113）从更轻薄的形态、更舒适的佩戴等用户需求出发，重构了虚拟现实（VR）眼镜的设计形态。机身去掉了电池和处理器这些硬件，所有的计算和供电都通过手机或者电脑完成，将空间进行了有效的压缩。眼镜镜腿还增加了转轴设计，可以实现与普通眼镜一样的折叠，折叠后可以轻松放进旅行盒中。虚拟现实（VR）眼镜自带屈光度调节，左眼和右眼可以独立调节，近视用户不需要戴眼镜也可以使用。

图 2-113　VR 眼镜　华为

作品名称：SC-GN01 游戏扬声器

制造商：松下娱乐通信有限公司

设计解码：松下游戏扬声器 SC-GN01（图 2-114）设计为挂脖式，通过其各个方向的扬声器为游戏玩家提供逼真的游戏环绕声。扬声器可以精准传递包括脚步声在内的细节声学效果，以确保玩家身临其境的游戏体验。外壳的结构设计充分考虑用户脖颈部的形态与受力，给玩家在长时间的游戏期间内提供高水平的舒适度。外观轮廓线条流畅，简洁优雅。

图 2-114　SC-GN01 游戏扬声器　松下娱乐通信有限公司

作品名称：等离子迷你（Plasma Mini）净化器

制造商：夸尔设计（QUAIR Design）公司

设计解码：等离子迷你（Plasma Mini）净化器（图 2-115）是一种新型的可穿戴净化器，大小与对讲机相近，配备“双极离子技术”，可消除附近空气中的细菌。内部的离子发生器配有一个强大的迷你风扇，可以覆盖使用者面部周围的大面积区域，形成一个安全的清洁空气泡。整个设备又小又轻，重量仅为 85 克，用户可以轻松地佩戴，形态简洁小巧，质感舒适，便于携带。

图 2-115　等离子迷你（Plasma Mini）净化器　夸尔设计（QUAIR Design）公司

作品名称：基因手环（DnaBand）

制造商：基因助推（DnaNudge）公司

设计解码：这款手环（图 2-116）是一款戴在手腕上的可穿戴设备。通过配套的设备，使用者可以轻松地确认自己的基因，戴上基因手环（DnaBand），便可以方便地识别脱氧核糖核酸（DNA）信息和辨别食品。它可以扫描食用物品的条形码，根据基因分析帮助用户挑选食物。在产品形态设计上，基因手环与市场上的其他可穿戴设备不同，腕带的皮革材质和创新的磁性伸缩模块省去传统表带的卡扣过程，只需要一拉一放，随着手部的自然伸展就已经完成穿戴。

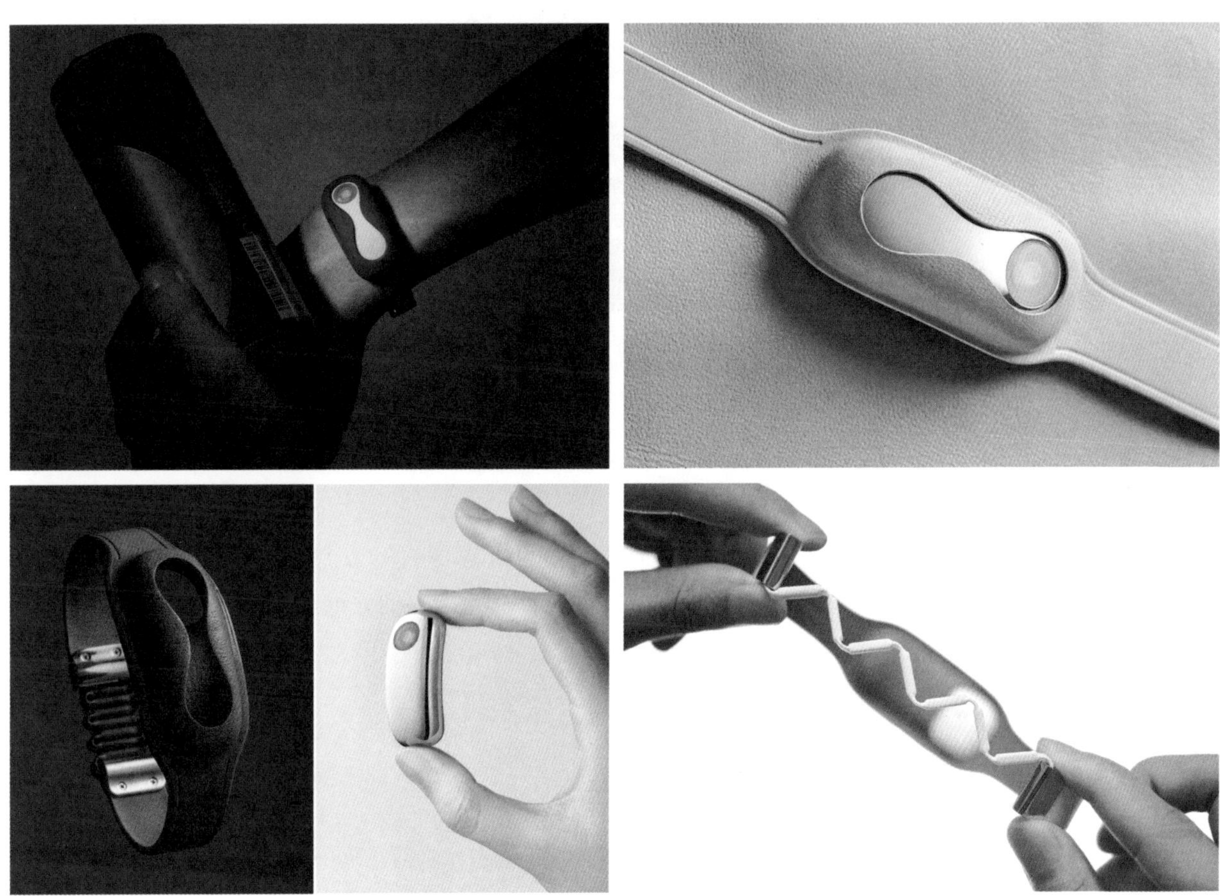

图 2-116　基因手环（DnaBand）　基因助推（DnaNudge）公司　英国

（二）学生作品

作品名称：头戴式耳机

设计师：萧浩俊

设计解码：这是一款针对年轻男性用户设计的头戴式耳机（图 2-117），该产品的形态被赋予抽象的几何切割纹理，通过亮面与网纹面的对比，配以明快的蓝色，带给人们较强的视觉冲击力。

图 2-117　头戴式耳机　萧浩俊　许穗婷指导　广东轻工职业技术学院

作品名称：头戴式耳机

设计师：姚少琪

设计解码：这是一款针对年轻女性用户设计的头戴式耳机（图 2-118），该产品的形态以玫瑰花为原型进行抽象的几何化处理，金属漆面效果、粉色和银色的搭配，带给人们优雅高贵的感觉。

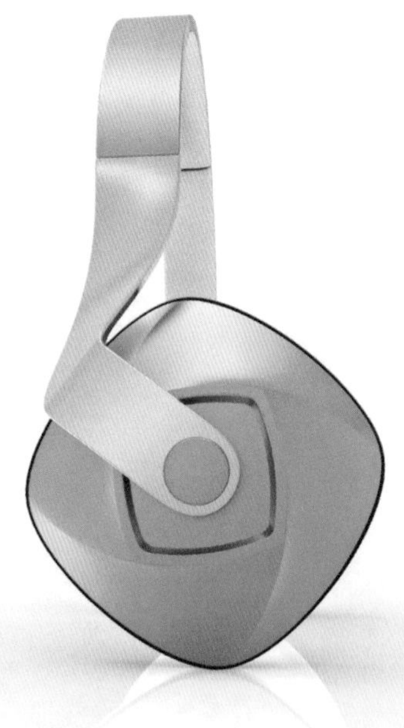

图 2-118　头戴式耳机　姚少琪　况雯雯指导　广东轻工职业技术学院

产品名称：文特缺氧治疗器（Vento Hypoxia treatment）

设计师：帕特里克·克拉斯尼策（Patrick Krassnitzer）

设计解码：这是一款紧凑型便携式气道压力面罩（图 2-119），专为高海拔地区的紧急缺氧治疗而设计。它可以使患者能够呼吸加压空气从而增加人体的血氧饱和度。该产品可折叠，采用软壳包装，适合放进各种大小的背包，用于徒步旅行和高海拔探险。

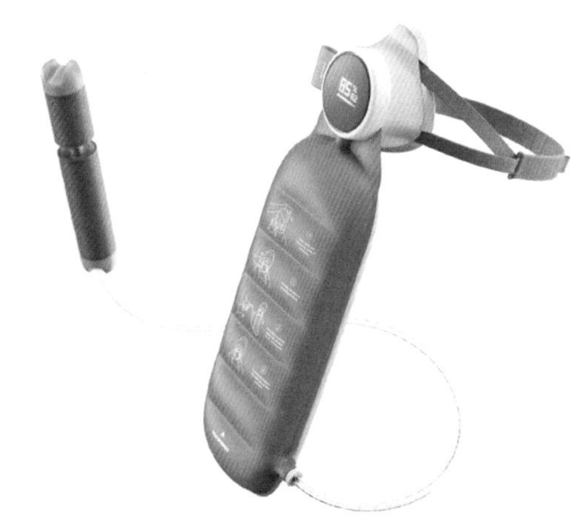

图 2-119　文特缺氧治疗器（Vento Hypoxia treatment）　帕特里克·克拉斯尼策（Patrick Krassnitzer）　于默奥大学　瑞典

作品名称：科洛童鞋（Colo - Kid's shoes）

设计师：马图斯·克佩克（Matus Chlpek）

设计解码：这是一双概念运动鞋（图 2-120），旨在改善不良的步行习惯。它的目标人群是 3 岁以下的儿童，他们行走姿势仍不稳定。鞋子的形态主要依据人机尺寸而设计，鞋底是由甘蔗基聚合物制成的，主要功能是通过手机监测鞋底材料磨损的程度来检测儿童足部发育是否异常。

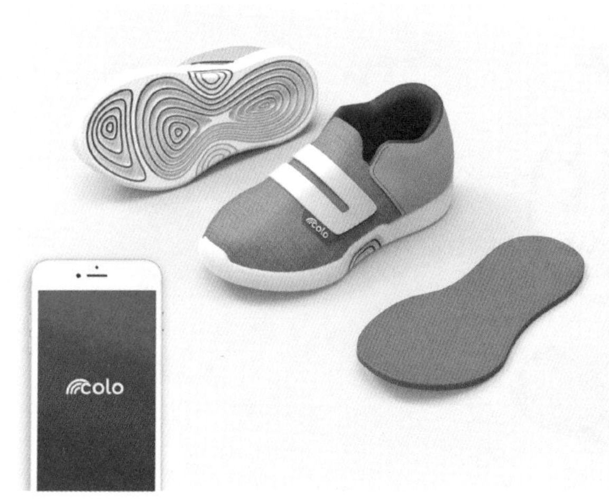

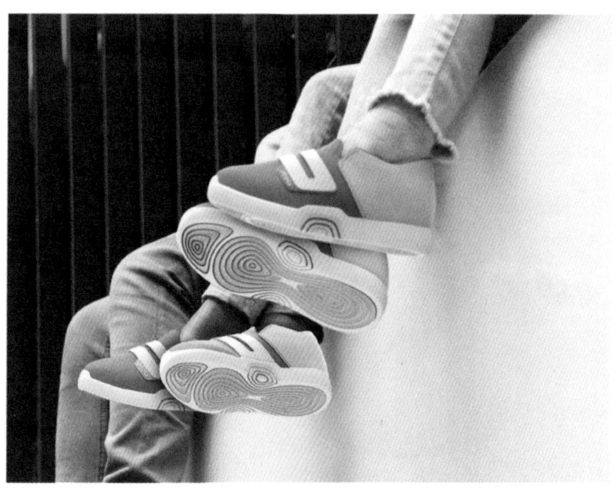

图 2-120　科洛童鞋（Colo - Kid's shoes）　马图斯·克佩克（Matus Chlpek）　布尔诺理工大学　捷克

三、知识点

(一)技术与产品形态

1.技术与产品形态的关系

(1)技术的进步带来产品形态特征的改变

技术的进步直接带来产品的形态特征的改变,(图 2-121 至图 2-123),产品设计依赖于技术的实现,没有技术的支持、没有先进的材料以及相应的加工工艺就不可能有我们今天赖以生存的产品,离开了技术的进步就没有产品的发展和进步。不同的技术水平作用在产品上会表现出不同的形态特征,无论是现代产品还是传统产品都是这样,新技术是产品发展的新鲜血液,不失时机地掌握和运用新技术,能从根本上推动产品步入新的台阶。

利用新技术转换产品形态,关键是要对产品的结构、材料、工艺处理、外形、色泽等重新进行系统的设计,从各方面充分体现新技术的特点,尽最大的表现力展现产品新的形态,如芯片技术、3D 打印技术、智能语音技术等,都带来了许多产品形态的转换。

(2)技术的差异直接导致产品形态的变化

同一个时期的产品,在实现相同功能目标的情况下,使用不同的技术,会直接导致产品形态的变化。例如,手机和固定电话都能实现通话的目的,但由于使用技术不同,产品形态差别很大。现在的智能手机采用的是移动通信技术,它的体积小到可以握在掌心,重量大大减轻。现在的手机早已不再只是单一的通话工具,而是集拍照、拍视频、玩游戏、看电视剧、听音乐等功能于一身(图 2-124)。有线电话机是通过送话器把声音转换成相应的电信号,用导电线把电信号传送到远离说话人的地方,然后通过受话器将这一电信号还原为原来的声音的一种通信设备,常用部件有受话器、送话器、拨号盘、振铃以及叉簧开关、接插件、线绳等(图 2-125)。

再以热水器为例,热水器分为电热水器、太阳能热水器、燃气热水器三类,都能实现给水加热的目的,但使用技术的不同带来了形态上巨大的差异。电热水器是用电热管把水加热使用的器具,电热水器分为储水式电热水器和即热式电热水器。储水式电热水器型号一般分为 40 升、50 升、60 升到 200 升,升数代表储水罐的容积。储水式电热水器由于是容积式的,因此产品的体积比较大(图 2-126),即热式电热水器采取快速加热的方式,利用大功率电热丝加热,能源洁净而且出热水

图 2-121 10 世纪末的青铜油灯

图 2-122 17 世纪的烛台

图 2-123 20 世纪的电灯 光彩(Glossy)台灯 诺乐适(Nordlux)公司 丹麦

图 2-124　Mate30 Pro 手机　华为

图 2-125　有线电话　飞利浦（Philips）　荷兰

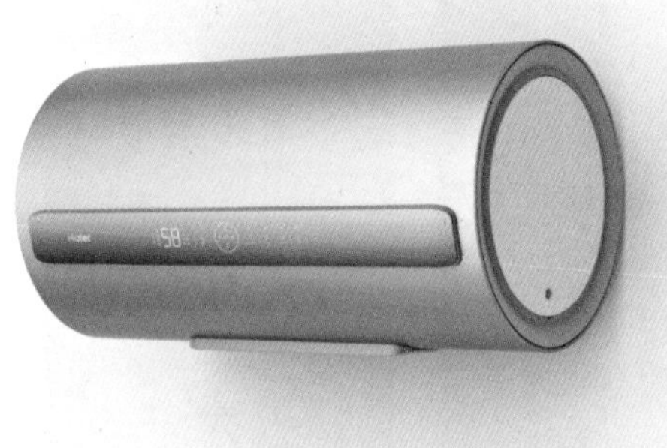

图 2-126　储水式电热水器　海尔

图 2-127　舒适水流（ComfortFlow）　700 即热式热水器　伊莱克斯（Electrolux）　瑞典

快速，体积小，安装方便。但一般功率最低都有 2.8 千瓦，最高可达 8.5 千瓦左右，电力消耗大（图 2-127）。太阳能热水器是靠汇聚太阳光的能量把冷水加热的装置。现在市场上的太阳能热水器品牌不少，大小、形状各异，但使用的技术大都为用真空集热管汇聚太阳光，把光能转化为热能给水加热，其形态特点为有较大的储水箱和整齐排列的集热管（图 2-128）。燃气热水器的燃料有天然气、液化气和管道煤气之分。目前市场上比较流行的是强排式燃气热水器和平衡强排式燃气热水器。它装置了电机和排风扇，可有效地把废气排出室外，平衡强排式热水器的出水压力更稳定，洗澡时会感觉更舒适（图 2-129）。

（3）技术影响产品形态的作用方式

技术对产品形态的影响是巨大的，有着相对的客观性，不能轻易改变。设计师必须有清晰的认识和足够的理解，否则会走很多弯路。结合具体的案例来看，其作用方式可归纳为以下两点。

第一，要依据产品的功能需求及边界条件，选择相应的技术。

第二，要遵循技术的特点设定产品的结构方式和基本形态。

这里以韶音户外系列入门款运动耳机为例加以说明。当下耳机的技术主要有有线传输技术、蓝牙无线传输技术、2.4G 无线连接技术和骨传导技术等不同的类型。有线耳机传输技术声质好、信号稳定，但有线连接活动不便；蓝牙无线传输技术可实现耳机的无线连接，低功耗且可连接的设备广泛，便于开展一对多的工作模式；2.4G 无线连接技术传输距离远，对于竞技游戏这种对无线稳定性能要求较高的使用环境比较适用；骨传导技术能将声音通过头骨传入内耳，在嘈杂的环境中实现清晰的声音还原，而且声波也不会因为在空气中扩散而影响到他人，主要应用在军警专业耳机、助听器、运动耳机等领域。传统的耳机需要将耳机的发声系统放入耳朵内，或者包裹住耳朵，骨传导是不入耳的。技术不同，导致耳机形态也不一样。图 2-130 至图 2-132 展示的是运用不同技术的耳机。

韶音这款户外系列入门款耳机，主要针对运动人群设计，运动时，耳机需要更舒适，能放开双耳，防汗，防雨，防喷溅，佩戴稳固，依据上述功能需求及边界条件，该耳机选择了骨传导技术。设计时，遵循技术的特点设定耳机的结构方式和基本形态，由于骨传导耳机通过振动产生声音，是不入耳的，只需把耳机挂在耳廓上贴紧骨骼就可以听到声音，可放开双耳，运动流汗时也能保证耳道清爽，避免耳朵不适；符合人体工学的贴耳设计搭配柔韧钛合金后挂奔跑跳跃不脱落，活力配色，符合运动场景（图 2-133）。

图 2-128　太阳能热水器　龙威　中国

图 2-129　拉普拉斯（LAPLACE）燃气热水器　海尔

图 2-130　欧门头戴式（OMEN Mindframe）有线耳机　惠普（HP）　美国

图 2-131　WF-XB700　无线耳机　索尼（sony）　日本

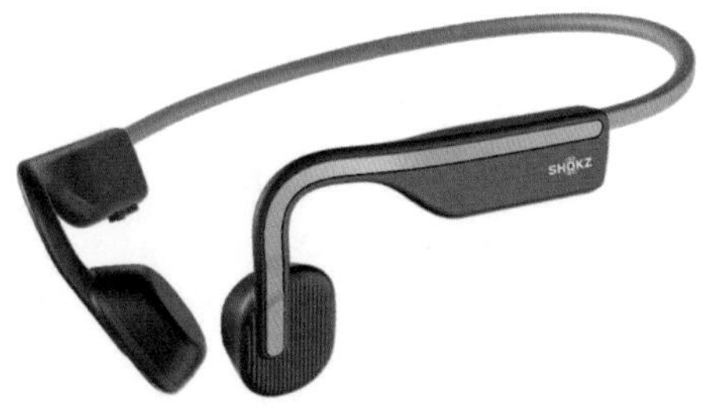

图 2-132　户外运动耳机　韶音

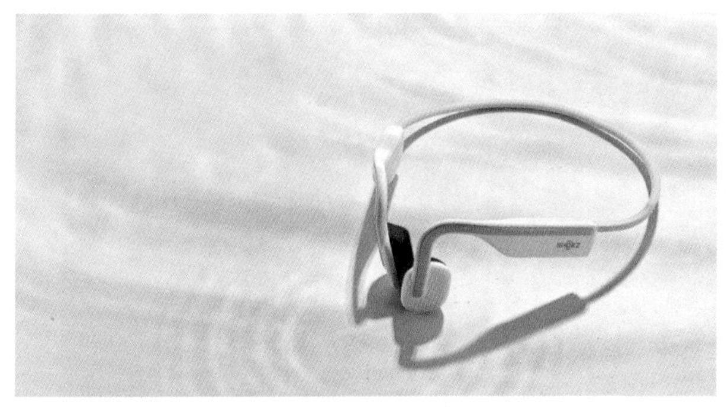

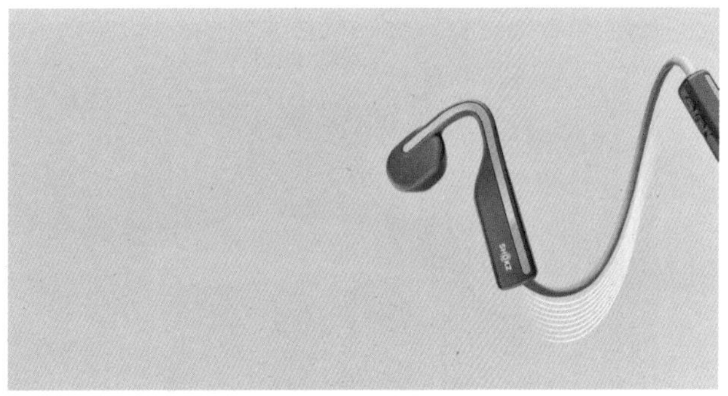

图 2-133　户外系列入门款运动耳机　韶音

（二）人机关系与产品形态

1.人机关系与产品形态的关系

第一，人机关系为产品的形态设计提供参照尺度。一般情况下，产品的形态只有在满足功能的前提下才能自由发展，形态与功能的统一必然是合乎一定规律的，在绝大部分的产品设计中，这一规律由人机关系确定。人机工程学提供了符合大多数人的心理、生理乃至审美要求的数据，使设计师们在进行形态设计时能行有所依，在不影响功能发挥的情况下合“度”地演绎外部形态。例如，座椅一般由坐垫、背靠或腰靠、支架等构成，也可以有扶手、头靠、调节装置和脚滑轮等配件。一般而言，座椅高度为 36 厘米—48 厘米；坐垫宽度为 37 厘米—42 厘米；腰靠高度为 16.5 厘米—21 厘米；腰靠水平方向长度为 32 厘米—34 厘米；腰靠垂直方向长度为 20 厘米—30 厘米（图 2-134）。

在人一生的成长过程中有几个年龄段身体的尺度会产生比较大的变化，设计师在进行产品设计时，可依据人机工程学提供的数据，选择不同年龄段的使用者的数据，进行设计。例如，一家美国运动服装生产公司最近展示了一款新型的可伸缩儿童鞋。这种名为“大虫子”的儿童鞋奥妙就在鞋跟处的银色按钮，按一下鞋底就可以伸长，以适应孩子们迅速发育长大的脚。又如，专门为儿童设计的餐具，其把手也是根据儿童手的尺度来设计的（图 2-135）。

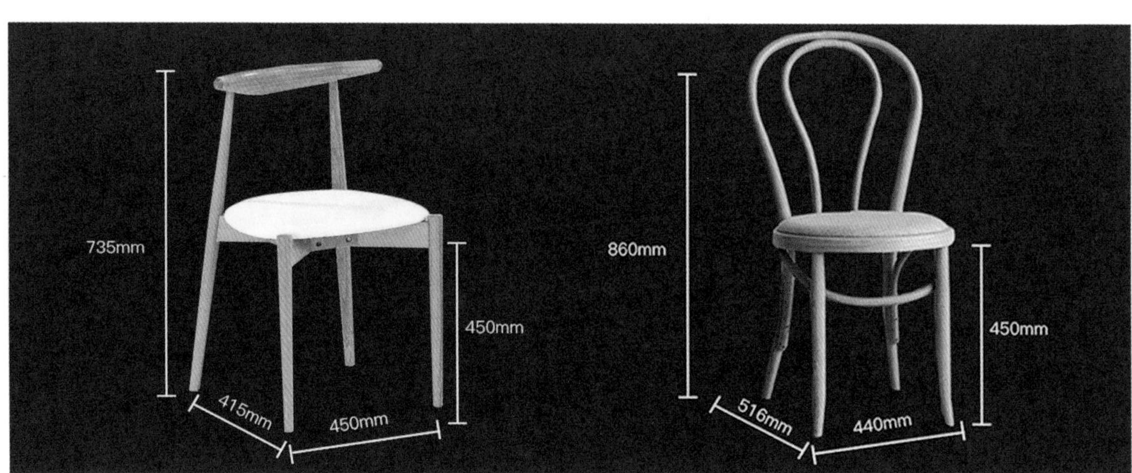

图 2-134　座椅参数（单位：毫米）

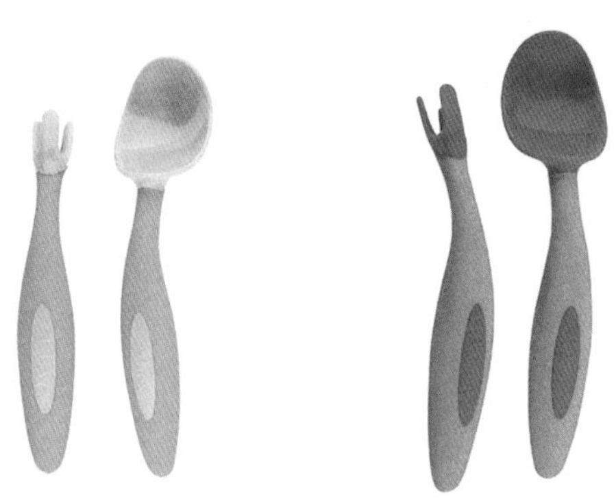
图 2-135　宝宝叉勺　贝博士（B.BOX）公司　澳大利亚

第二，人机关系为产品人机界面的操控布置提供依据。这里的产品人机界面是指人与机器信息交互的界面，产品人机界面的操控布置是指产品各个部分之间位置的合理编排。人机关系为产品人机界面的操控布置提供依据，包括了显示、操控装置设计的各种数据和要求，如对模拟式显示（刻度和指针显示）、数字式显示、屏幕式显示的放置位置、字体大小等都有细致的规定。产品的人机界面的合理布局，给使用者的操作带来方便。例如，汽车仪表盘上的仪表通过独立显示的方式来提高信息传递的准确度（图 2-136）。

图 2-136　C260L 仪表盘　奔驰（Mercedes-Benz）　德国

第三，人体的局部特征直接影响产品的形态。产品与人体总会有不同程度的接触，为了提高使用的舒适度，很多产品的形态都会以与人体接触部分的轮廓为形态依据，如根据耳朵的形态设计的入耳式耳机（图 2-137），根据头部形态设计的头戴式耳机（图 2-138），根据颈部形态设计的 U 形热水袋（图 2-139）。

图 2-137　强力节拍（Powerbeats）3 入耳式无线耳机　节拍（Beats）　美国

图 2-138　独奏（Solo）3　头戴式无线耳机　节拍（Beats）　美国

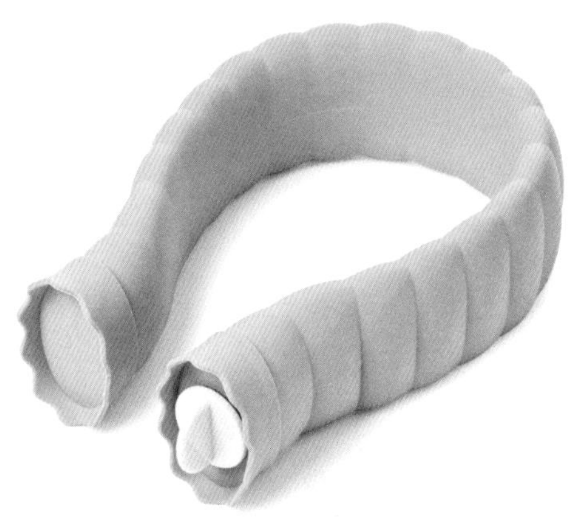

图 2-139　U 形热水袋　深圳市知知品牌孵化有限公司

2.人机关系影响产品形态的作用方式

人机因素在产品的形态设计中发挥极其重要的作用，从产品的外形尺寸到操作界面的形态处理，人机工程学为设计提供直接的依据和形态的参照。就大部分产品而言，产品的外形本身就是人机工程学发挥作用的最好载体。结合具体的设计工作，人机关系影响产品形态的作用方式如下。

第一，要分析使用对象的人机关系，为产品的尺度界定提供依据。

第二，要分析操作界面的人机关系，为产品各相关部分的合理设置提供参照。

第三，要推敲接触层面的人机关系，为产品的形态处理提供依据。

这里以科丰悦（KFY）LED 医用头灯为例对上述作用方式加以说明。该头灯使用环境为医院，应用于牙科、眼科、耳鼻喉科及外科检查，产品外观简洁大方，配色以黑白为主，主要功能为精准照明，也可与放大镜组合放大观看物体。首先，基于头戴式的产品定位，头灯的尺寸以人头部的大小为主要参照依据，总体上宽度为 160 毫米—190 毫米，深度为 70 毫米—130 毫米。其次，头灯和放大镜固定在头上，使用时要求开关方便，角度可按需进行灵活调整；头灯不能遮挡视线，放大镜的位置和大小以双眼的位置和尺寸为设计依据；重量为 260 克，为头部可承受范围，适合较长时间佩戴；头带具有多个调节点，可按需调节，让用户获得更好的人际交互体验（图 2-140）。

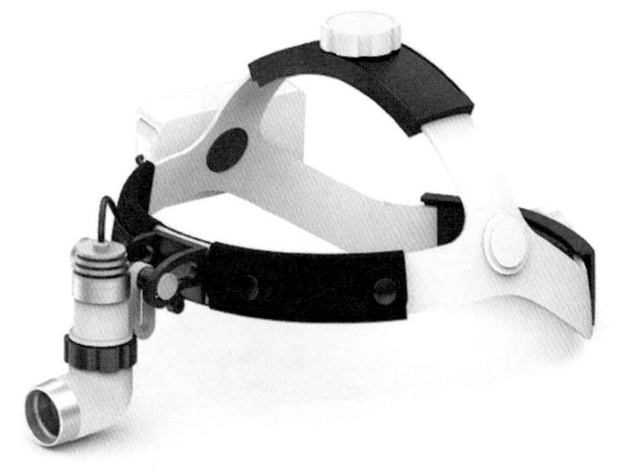

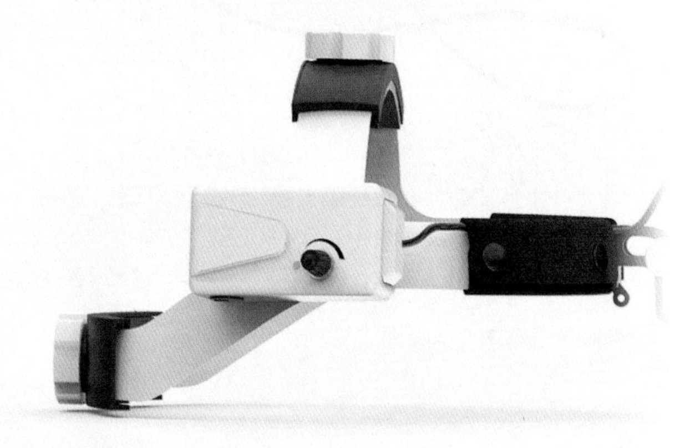

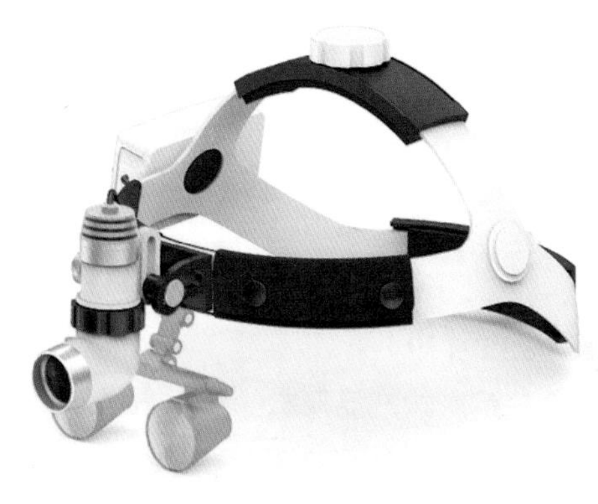

图 2-140　LED 医用头灯　科丰悦（KFY）　美国

（三）环境与产品形态

1.环境介质的差异影响产品形态的基本特征

环境介质的不同导致产品形态出现本质性的差异。例如，飞机、游艇、潜水艇和汽车这四者的形态与使用环境的介质有非常密切的关系。喷气式飞机要在空中飞翔，其环境介质是空气，一般情况下，形态上就少不了发动机和机翼两大组成部分；游艇以水为环境介质，要实现在水面航行，保证有足够的浮力和前进的动力，船身就必须呈封闭腔体的基本形态和具备螺旋桨推进器；潜水艇为了实现既能在水面航行，又能下沉到海洋深处潜航，其外形就必须是一个完全封闭的腔体；而汽车在地面行驶，与地面产生相对运动，主要介质是固体的路面，所以轮胎是汽车的主要形态特征（图 2-141 至图 2-144）。

图 2-141　波音 787 客机　波音　美国

图 2-142　幻想（ILLUSION）号超级游艇　普莱德游艇公司/中集集团

图 2-143　“前卫”号战略核潜艇　英国皇家海军　英国

图 2-144　跑车　法拉利（Ferrari）　意大利

因为环境介质的不同，即使产品的功能相同也会呈现出不同的形态特征。滑冰是一项比较受欢迎的运动，而滑冰又有真冰和旱冰之分。就冰鞋而言，真冰的介质就是结冰的水面，冰面的摩擦力小，以坚硬的冰刀来实现相对滑行运动，鞋底为硬皮、冰刀以螺钉或铆钉固定在鞋底上，所以一字形冰刀是真冰鞋的主要特点（图 2-145）。而旱冰的介质其实就是平滑的硬质地面，滑行依靠鞋底的滚轮来完成，所以滚轮是旱冰鞋的主要特点（图 2-146）。

图 2-145　真冰鞋　瑞士

图 2-146　旱冰鞋　迪卡侬（Decathlon SA）　法国

2.环境的空间尺度决定产品的外形尺寸

产品的形态尺寸受制于产品使用对象的人体尺度、产品内部的结构关系和产品所处环境的制约关系等多种因素。而产品所安装、放置（或使用）环境的空间尺度，对产品的外形尺寸有着决定性的影响。受这种因素影响的产品非常多，如同样是投放垃圾的工具，安置在户外公共场所的垃圾桶和普通家庭使用的垃圾桶在形体大小上存在着显而易见的差距（图 2-147、图 2-148）。

3.使用环境的特定要求影响产品的形态特点

环境的差异往往对产品提出不同的要求，需要产品在形态设计上进行针对性思考。例如，办公室的工作椅，为了方便工作时移动以提高效率，会安装上轮子，而户外的公共用椅，往往需要固定在地面上防止被搬动，并且要预防积水（图 2-149、图 2-150）；又如，家里休息用的比特瑞休闲椅，高靠背、独特的弧形框架、柔软的材质、能缓解疲劳的人体工程学结构创造了舒适的休闲空间（如图 2-151）。再如，矿井、水下、太空、高危作业等特定情形状态下的环境，由于环境的特殊性质，出于安全的需要，对产品的要求超出了基本功能以外，这些特定的附加功能要求，在产品的形态上一般都会有比较明显的表现。例如，潜水服、太空服虽然都是服装，但是潜水服却更多的是考虑到潜水员在深水作业状态下，如何保障足够的氧气供给和增加水下行动的速度和灵活性，其形态一般为紧身形，表面光滑，并配有氧气筒和潜水镜等辅助工具。在太空行走的舱外航天服用一种特殊的高强度涤纶做成，是航天员出舱进入宇宙空间进行活动的保障和支持系统。它不仅需要具备独立的生命保障和工作能力，还需具有良好活动性能的关节系统以及在主要系统故障情况下的应急供氧系统，要做到与外界完全隔离，必须绝对是“天衣无缝”。

4.环境影响产品形态的作用方式

设计师在设计产品时，就必须考虑环境的制约因素。环境的特征直接影响产品的形态，对环境的正确对待和认真把握是产品设计系统思维的具体表现。环境影响产品形态的作用方式概括如下。

第一，要结合被设计对象的使用环境特点，归纳环境对产品提出的要求，如尺寸的要求、防雨水的要求等。

第二，要结合使用环境中的放置关系与产品的功能结构特点，设定产品的基本形态。

例如，这款骑行用的法罗智能头盔（图 2-152），设计时主要考虑户外骑车环境夜间灯光不足、雨天路滑车多等特点，为驾驶员提供了各种

图 2-147　室外垃圾桶　垃圾桶无限（Trashcans Unlimited）公司　美国

图 2-148　家庭用垃圾桶　简单人（simplehuman）公司　美国

图 2-149　办公室椅子　艾利特（Elite）办公家具公司　英国

图 2-150　模块化长椅　bbz 景观建筑（bbz landschaftsarchitekten）公司　德国

图 2-151　比特瑞（Beatrix）休闲椅　里兹维尔（Ritzwell）公司　日本

图 2-152　法罗（FARO）智能头盔　第一单位装置（Unit 1 Gear）公司　美国

安全功能。头盔后部中间具有内置的灯光，无缝融入外壳，使骑手在夜间更加清晰可见。下方的点阵灯光隐藏在透光的外壳之下。创造出一种独特的照明效果，只有在通电时才能看到灯光。它还可以显示动画、改变颜色，甚至可以显示骑车人安装在车把上的遥控器控制的转向信号，为昏暗环境中的后方车辆跟车提供预警信息。头盔可以检测到严重摔倒情况，并在骑车人没有反应时发出呼救声。头盔形态结合用户头部形态特征及减少风阻的流线设计要求，将上述功能巧妙地融进球形半盔之中，法罗头盔将救生功能完全融入极简设计之中，将清晰的形式和实用功能成功结合。

四、实战程序

本节的穿戴式设备形态设计类项目的实战程序，与生活用品类的实战程序类似，本节就不具体展开示范，可参照生活用品项目的实战程序部分结合自选项目变通实施。但基于这类产品与用户关系的特殊关联性，这类项目在进行实践时针对形态设计要关注以下要点。

（一）基于穿戴式设备的穿戴装饰特性，时尚类产品的外形要符合用户的个性化需求

穿戴式设备的特点是直接穿戴在身上，并且每天与用户交互的频率非常高，这就使得用户对此类需要外露的产品外观形态要求更高。美国的设计师皮特·穆勒的著作《未来的设计》曾预言：对于21世纪的产品，设计将会有更多更新的事物来扩充它，并且使它更加个性化，这样的产品形式上应该协调、柔美、个性、使人有满足感，而形象上则要从品质到用户个性集中体现。对当下的年轻人来说，产品外观个性化的需求已经随着科技的发展以及人类思想的改变变得越来越大。时尚类穿戴式产品主要的用户为年轻人，个性化这一点尤为重要。

（二）基于穿戴式设备长时间穿戴的特性，产品的人机交互界面必须舒适且易用

穿戴式产品的人机交互界面一方面是指产品与人体亲密接触的界面，另一方面是指产品的操作界面。穿戴式设备是一种与人体高度紧密接触的产品，形态必须依据人机关系进行设计，并平衡重量和牢固性之间的关系，产品才不会对用户身体造成影响和不适，对于需要获得用户相关的生命体态特征数据的产品，保障穿戴式设备与用户之间亲密接触界面的舒适度尤为重要。

穿戴式产品的操作界面设计也是形态设计的一部分，界面设计要遵循易用原则，简化操作流程，减少误操作的可能；腕带式设备的屏幕尺寸有限，显示界面尽量一目了然，视觉反馈准确，保持界面清晰简洁、易于阅读。

这里以几素挂脖小风扇为例来说明上面两个问题。相较于传统的手持便携风扇，几素从全新角度出发，推出挂脖便携风扇，释放双手，轻松享受夏日清凉。配合时尚的外观设计，让便携风扇成为使用者办公出行的最佳伴侣。产品分为男女两款，共有 4 种颜色可供选择，满足个性化需求（图 2-153）

（视频见末尾勒口二维码）。

产品的外观设计结合了人体工程学，经大量的脖围数据分析，产品的默认挂脖弧度更贴合人体颈部，皆为多孔环形柔风结构，针对男女设计不同尺寸，更符合一般使用习惯。产品重量最大仅为 254 克，长期挂脖也不会有不适感和异物感，挂脖设计更加方便了需要常走动的使用者，如出行旅游、户外工作、家庭主妇等，解决了手持风扇不便的问题，整体机型优雅流畅，贴合颈部线条，也能减少行走时晃动的不适感。轻触按键可轻松调节风速，操作简单。

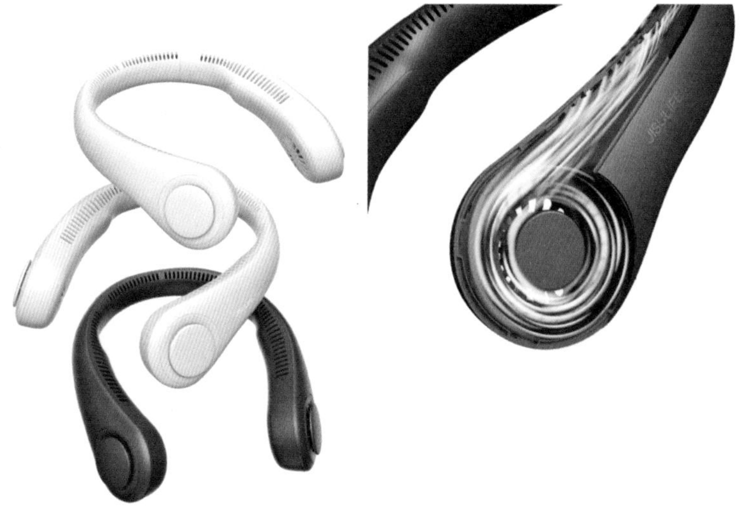

图 2-153　无叶挂脖风扇　几素

第三节　项目范例三：文创产品形态设计

文创产品即“文化创意产品”，指依靠创意人的智慧、技能和天赋，借助于现代科技手段对文化资源、文化用品进行创造与提升，通过对知识产权的开发和运用，产出的高附加值产品。文化属性是文创产品区别于其他产品的主要特征，文创产品对文化的解读、研究，结合当代生活对优秀传统文化的创新活化应用，是传统文化创新性传承与创造性转化的载体，值得广大设计师潜心研究。

一、项目要求

（一）项目名称

文创产品形态设计。

（二）项目介绍

文化是人类在社会历史发展过程中所创造的物质财富和精神财富的总和。它具有很强的群族特色和民族属性。文创产品设计要将优秀传统文化与当代生活需求相结合，创造性地提出凸显文化特色、消费者喜闻乐见的设计方案。本项目通过文创产品全流程的设计实训，侧重于“形态分析→形态推敲→形态完善”的形态设计方法训练，使学生掌握文创产品形态的设计要点和方法，设计出文化特色鲜明、符合当代生活习惯和审美需求、消费者喜闻乐见、具备市场竞争力的创新性文创产品。

（三）实训内容

文创产品形态创新设计。

（四）实训目标

根据企业提供的文创产品类真实项目的具体要求，进行形态创新设计。

知识目标：了解影响产品形态设计的客观因素；了解项目相关文化知识，挖掘文化内涵；掌握产品形态设计的基本原则；掌握文创产品形态设计的程序与方法。

能力目标：通过训练，掌握文创产品形态设计的专业技能。

思政目标：培养文化自信、工匠精神、团队精神、爱岗敬业精神。

（五）重点

深入理解文化背景和内涵，并通过设计语言和形态进行表达，创造出独特的文创产品形态。

通过故事叙述和情感表达来吸引用户和传达文化内涵。学习构建故事情节，设计符合情感共鸣的形态元素，使产品更具吸引力和情感价值。

掌握文创产品形态设计的方法。

（六）难点

考虑文创产品材料选择的多样性，需学习不同材料的特性和工艺的应用技巧。

考虑市场需求和商业可行性，以保证文创产品的市场竞争力和商业价值。学习市场调研和趋势分析，了解目标用户和市场需求，将设计与商业目标相结合，设计出具备商业价值的符合落地生产要求的解决方案。

（七）作业要求

制作调研PPT1份，输出产品调研结论和产品形态定位方向。

绘制基础形态创意草图30个、整体形态创意草图30个，探索符合形态定位方向和满足用户需求的产品形态。

制作草模5个，进一步推敲结构细节，探讨使用方式、人机尺寸、使用环境等。

制作三维建模模型文件1个，完成产品的三维呈现。

制作产品效果图、使用状态图多张，展示产品的最终效果、应用场景和使用状态等。

制作外观打样模型1个，呈现产品的实物效果。

总结梳理最终的汇报PPT1份，展示设计过程与设计成果。

（八）整体作业评价

创新性：文化内涵的创新表达。

美观性：外观造型设计符合社会审美趋势。

完整性：问题的解决程度，执行及表达的完善度。

可行性：方案具备市场价值及实现的可行性。

（九）思考题

设计师如何通过对传统文化进行解读、演绎和创新，助力消费者树立文化自信？

二、设计

（一）企业作品

作品名称：古建营造系列-中和殿积木搭建玩具、松鹤延年水果叉

品牌：故宫博物院

设计解码：故宫博物院是一座特殊的博物馆。成立于1925年的故宫博物院，建立在明清两朝皇宫——紫禁城的基础上。历经600多年兴衰荣辱，帝王宫殿的大门终于向公众敞开。故宫博物院绝无仅有的独特藏品，是世界上规模最大、保存最完整的紫禁城木结构宫殿建筑群。故宫文创将故宫的文化结合人们的实际需求进行再次创造，将各式文物、建筑应用于实际，让人们可以把故宫文化带回家，也向人们展示了一场文化盛宴。随着产品的走红和口碑的提升，故宫文创逐渐成为品牌，并取得了重大成功。

当我们游览古迹仰望古建，沉浸于巍峨宫殿之中，感慨宏伟壮观之时对古人的创造力会发出由衷的敬服。夯土筑基、雕栏玉砌，一草一木一砖一瓦皆为匠心凝聚，由此产生的“八大作”官式古建筑营造技艺经匠人代代传承、延续至今，作为非物质文化遗产的“八大作”工艺之精、技艺之美、传承之序呈现紫禁城600年的营缮之道。古建营造系列-中和殿积木搭建玩具，参考古建筑营造“八大作”技艺，使用传统榫卯结构，模拟古建筑营造的过程。让用户从时间、空间全方位品味古建筑内涵，从无到有见证古建奇迹的诞生（图2-154）。

图2-154 古建营造系列-中和殿积木搭建玩具 故宫博物院

在漫长的岁月里，紫禁城以海纳百川之姿，容纳了不可尽数的奇珍异宝、珍禽瑞兽。其中备受推崇的就是该产品的主角——鹤。鹤在中国文化中有崇高的地位，其美丽超逸，步态悠游，传达给众人一种祥和优雅的气质，被称为仙鹤。而常与仙鹤一起出现的是松树，组成“松鹤延年”。该水果叉套装将鹤设计成收纳水果叉容器的提手，抽象的松针作为水果叉的把手，整体形态优雅，表达“松鹤延年”的美好寓意（图 2-155）。

图 2-155　松鹤延年水果叉　故宫博物院

作品名称：鱼知乐单人茶具套装

品牌：哲品家居

设计解码：哲品（ZENS）诞生于 2011 年，秉持“简易、妙思、当下”的设计理念，提供高品位、原创设计的茶、餐、酒、花、香等生活器物，是茶器家居和生活方式品牌。哲品以“新派茶生活”为品牌理念，希望让每个人拥有简单愉悦的饮茶体验，点燃对美好生活的热情。在化繁为简的茶器使用体验中，感受设计融入生活的美好与便捷，在品茶中找到舒适平衡的自我状态，为都市的繁忙生活注入惊喜与温度。

鱼知乐单人茶具套装设计思路：解锁宫廷茗茶新方式，随时随地尽享宫廷意趣，当浓郁宫廷风遇上国潮配色，尽显宫廷传承之美，国风相伴，自用礼赠两相宜，遵循“少即是多”法则，删繁就简，开启新派茗茶仪式，上下一体结构，节约摆放空间，收放自如。闲暇时光，泡一壶好茶，细品长长往事，身体与心灵获得双重享受（图 2-156）。

图 2-156　鱼知乐单人茶具套装　哲品家居

作品名称：盖亚·安德森猫系列文创

品牌：不列颠博物馆

设计解码：不列颠博物馆（The British Museum），又名大英博物馆、英国博物馆，位于英国伦敦。该馆成立于 1753 年，于 1759 年 1 月 15 日起正式对公众开放，是世界上历史最悠久、规模最宏伟的综合性博物馆。博物馆收藏了世界各地许多文物和珍品及很多伟大科学家的手稿，藏品之丰富、种类之繁多，为全世界博物馆所罕见。

盖亚·安德森猫青铜像是大英博物馆的镇馆之宝。它佩戴着黄金制造的耳环和鼻环，脖子上挂着白银制造的项圈和乌加特之眼，坚毅的神情显得格外尊贵和与众不同。它被认为是古埃及最受欢迎的女神巴斯特的化身。盖亚·安德森猫系列文创包含有收纳盒、早餐杯、酱料碟、书签、日历便签夹等，形态为安德森猫创意的立体和平面应用，主要配色是经典的黑金搭配，整体造型大气优雅（图 2-157）。

图 2-157　盖亚·安德森猫系列文创　不列颠物馆　英国

作品名称：蒙德里安系列文创产品

品牌：大都会艺术博物馆

设计解码：大都会艺术博物馆是美国最大的艺术博物馆，也是世界著名博物馆。大都会艺术博物馆藏有古今各个历史时期的艺术珍品 330 余万件，回顾了人类自身的文明史的发展，与中国北京的故宫博物院、英国伦敦的不列颠博物馆、法国巴黎的卢浮宫、俄罗斯圣彼得堡的艾尔米塔什博物馆并称为世界五大博物馆。

蒙德里安是抽象绘画的先驱，以几何图形为绘画的基本元素，提出“新造型主义”的艺术理念，主张抽象即艺术的目的，利用抽象的形态与中性的色彩来传达秩序与和平的理念。大都会艺术博物馆推出了一系列以蒙德里安的“构成”作品为灵感来源的产品，将红黄蓝色块与黑色格子线条巧妙地运用在产品表面，配合塑料、金属、布料等材质，呈现蒙德里安的几何艺术与日常生活用品结合的奇妙效果（图 2-158）。

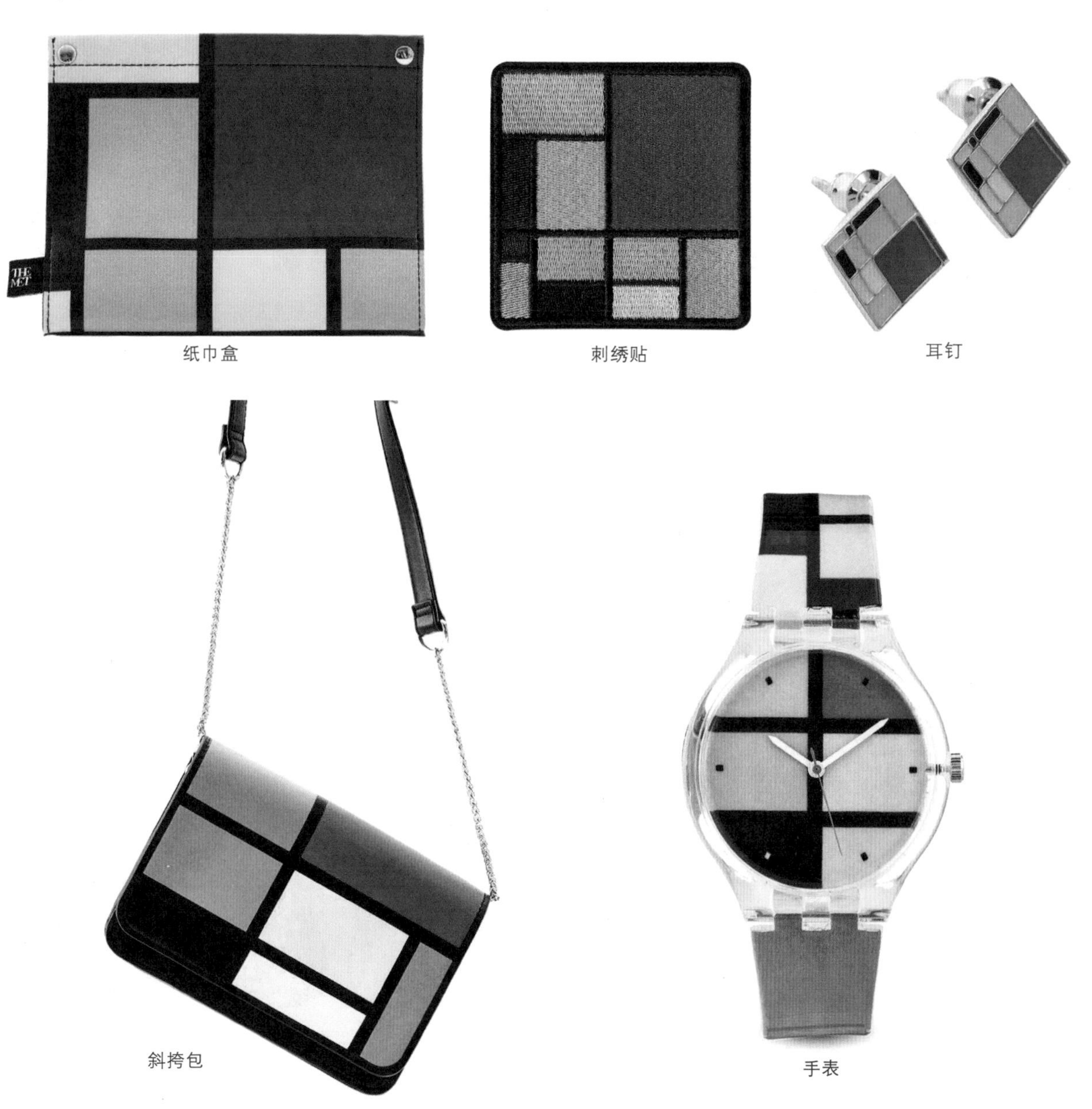

图 2-158　蒙德里安系列文创　大都会艺术博物馆　美国

（二）学生作品

产品名称：醒狮喵系列衍生品

设计师：潘佩珊、李京周、廖英杰、林跃鹏、高铟怡、钟锦锋

设计解码：该系列产品源于广东省博物馆馆藏文物清光绪石湾窑陶塑金丝猫，它是佛山石湾陶瓷的代表作之一，它有着三角耳、丹凤眼、卷尾等东方特点。结合广东省博物馆 60 周年馆庆，为突出喜庆的特点，设计师选择了佛山的醒狮文化与金丝猫结合设计了一套 IP，提取了分别代表忠、义、勇的三头狮子（关羽狮、刘备狮、张飞狮）的形态色彩特点，做了更加现代化的处理，融合到金丝猫上，再结合采青、吐对联、吐龙珠这些舞狮时寓意着美好的动作，形成了一个醒狮喵系列文创，并将 IP 形象巧妙地运用到会摇头的闹钟、翻转日历、手机支架及具有舒适人机界面的鼠标垫上（图 2-159）。

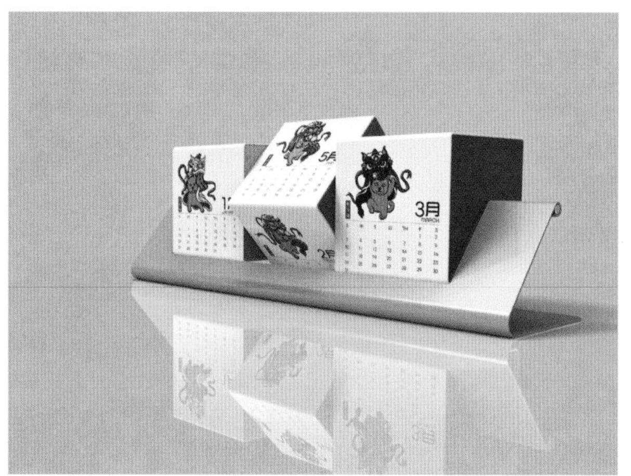

图 2-159　醒狮喵系列衍生品　潘佩珊、李京周、廖英杰、林跃鹏、高铟怡、钟锦锋　廖乃徵、杨淳指导
广东省博物馆、广东轻工职业技术学院

产品名称：“灯笼开，好运来”系列文具

设计师：廖瑾

设计解码：每年正月私塾（古代的学校）开学的时候，许多家长会为自己入学的子女准备一盏灯笼，让老师帮忙点亮，寓意是学子们的前途一路光明，这个仪式也称为开灯。把这个好寓意融入生活，用于笔、U 盘、图钉、削笔刀等文具上，通过对灯笼这一传统元素的创新演绎，让这套文具在拥有现代感的同时，不失传统的味道。把“开灯”仪式融入生活，以小见大，让我们在生活中时刻享受“灯笼开，好运来”（图 2-160）。

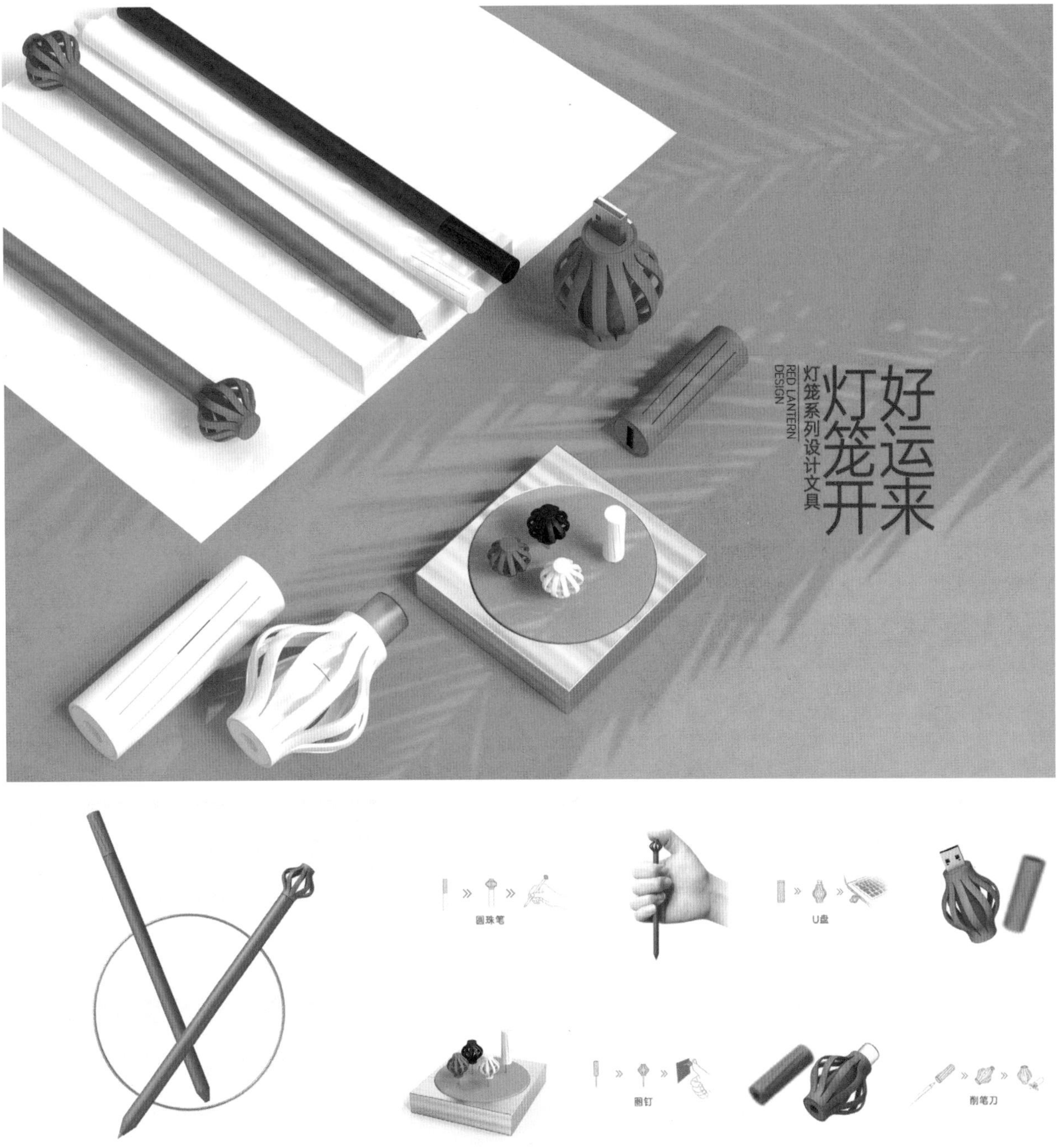

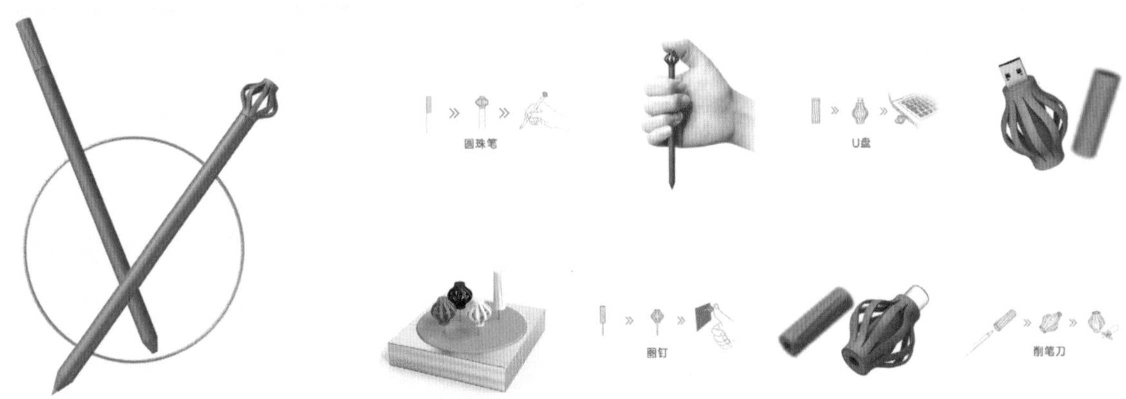

图 2-160 “灯笼开，好运来”系列文具 廖瑾 柳翔宇指导 广东轻工职业技术学院

产品名称：“抬头狮”系列尺子

设计师：莫晓君

设计解码：这是以醒狮文化为主题设计的一款尺子，以推广醒狮文化为目的，提取了南狮代表角色（关羽狮、刘备狮和张飞狮）的不同形态特征及色彩做系列化处理，将尺子上的狮头微微翘起，解决了尺子放在桌面难以拿起移动位置的痛点，绘图后，也可以将铅笔放在尺子上面，起到收纳和防止铅笔滚落地面的作用（图 2-161）。

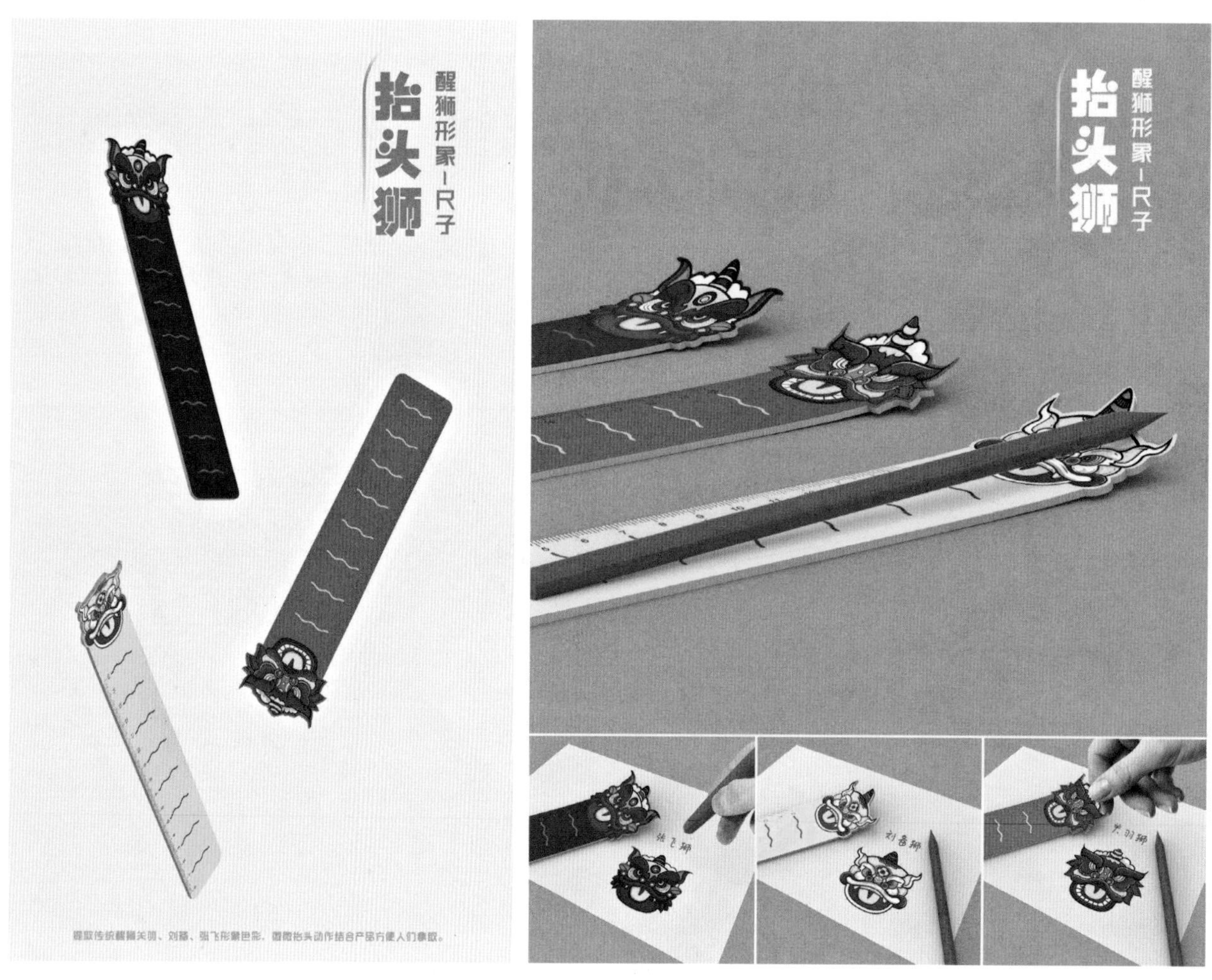

图 2-161　“抬头狮”系列尺子　莫晓君　杨淳指导　广东轻工职业技术学院

产品名称：编竹织物（教学资源见末尾勒口二维码）

设计师：郑怡敏

设计解码：传统竹编工艺是我国最具特色的手工技艺之一，本作品是以八角孔竹编为主题设计的一系列生活产品。设计师提取了八角孔竹编中点线面的元素，挖掘竹编的实用功能和审美功能，将竹编孔巧妙地转化为音箱孔、时钟指示和日历格线，创新地开发出了传统竹编与现代生活用品融合的新思路（图 2-162）。

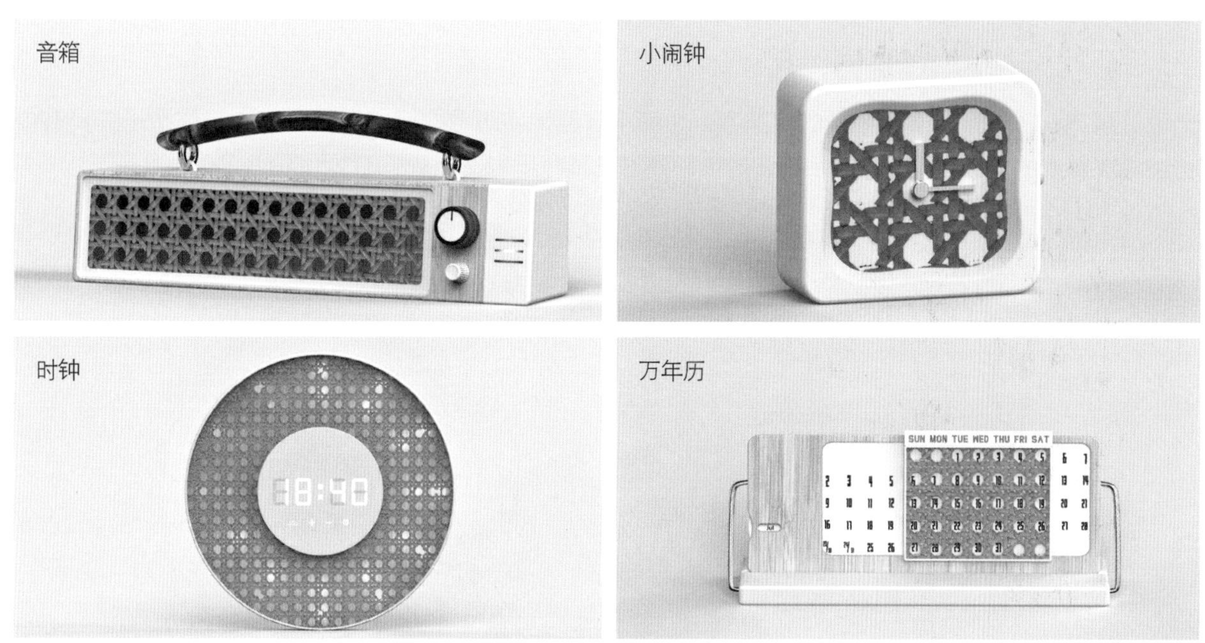

图 2-162　编竹织物　郑怡敏　严思遥指导　广东轻工职业技术学院

产品名称：装仕系列小包（教学资源见末尾勒口二维码）

设计师：黄海华

设计解码：该产品源于广东省博物馆馆藏文物陈洪绶的《调梅图轴》，采用画中仕女形象，融合现代元素，用佛珠作为肩带，设计成年轻女性佩戴的“佛系”串珠系列束口小单肩包（图 2-163）。

图 2-163　装仕系列小包　黄海华　廖乃徵、杨淳指导　广东省博物馆、广东轻工职业技术学院

产品名称：囍

设计师：喻沐天

设计解码：“囍”是寓意颇多的中国字，由两个“喜”字组成，运用这一特点，完成了一套具有中国传统婚庆寓意的首饰设计，包括手镯及戒指，并用三种材质制造而成（图 2-164）。

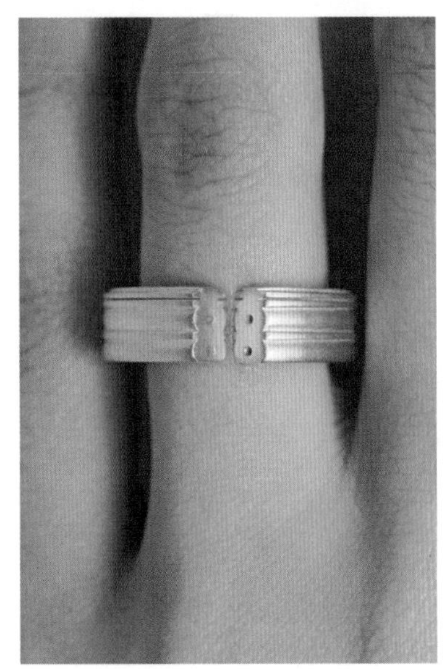

图 2-164　囍　喻沐天　张剑指导　广州美术学院

产品名称：嘉•迹

设计师：张轩彰、孙启发、李若楠

设计解码：此书立设计灵感来源于上海嘉定法华塔，提取了塔的形态元素，采用金属材料制成。塔的每一层被设计成托盘的形状，用户可以将经常使用的耳机、笔、橡皮等小物件放入其中，方便取放，解决了小物件不好收纳和用户容易落东西的问题。

书立寓意：人们能够得到智慧，用以激励读书人奋发进取（图 2-165）。

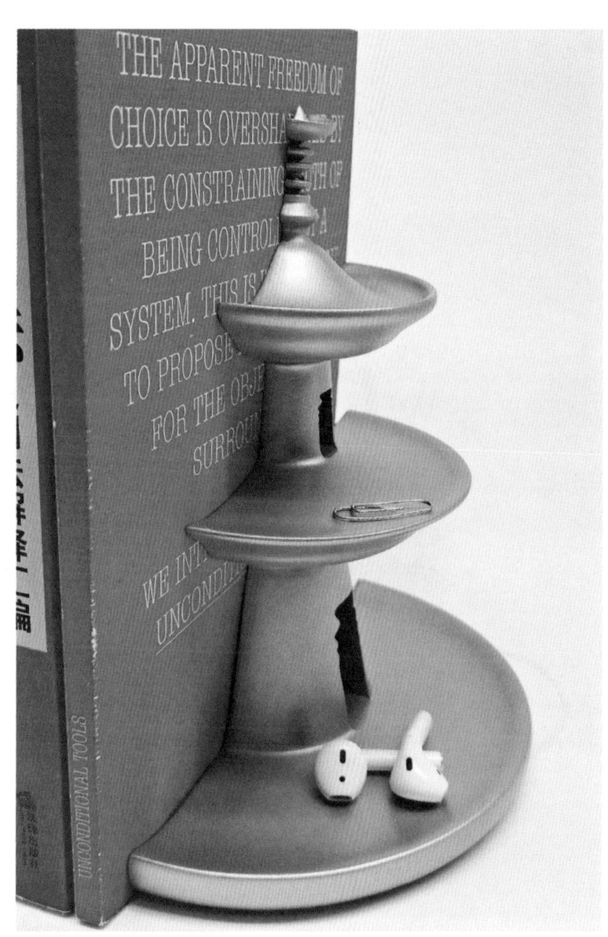

图 2-165　嘉•迹　张轩彰、孙启发、李若楠　邱秀梅指导　上海工艺美术职业学院

产品名称：印象园林

设计师：范浩雨

设计解码：设计以苏州园林为元素，共设计了青石板笔筒、一帆风顺置物盒、拱门渲染灯和假山插花瓶。在设计中主要是以园林中现有的“假山”“拱门”“湖面”“船”“青石路”等元素为灵感，对结构、产品功能进行巧妙设计，再现园林印象（图 2-166）。

图 2-166　印象园林　范浩雨　耿蕊指导　苏州工艺美术职业技术学院

三、知识点

（一）文化的基本理解

根据《现代汉语词典（第 7 版）》，文化是指“人类在社会历史发展过程中所创造的物质财富与精神财富的总和”，从狭义上讲也指社会的精神财富。也指社会意识形态以及与之相适应的制度和组织机构。它具有群体性、内容多样性、不可逆的传承性和明显的时代性等特征。

文化一直是设计界关注的话题。站在设计的角度理解文化，那么文化就是生活。设计创造新的具体器物体现着人们对生活的不同认识和态度，并在体现这种精神因素的同时又影响人们的日常行为，从而引起人们生活方式的变化。可以说，文化的沿革正是经过有意或无意的“设计”而实际地进行的。文化的中心是人，文化和设计的发展都要服务于人的发展。

文化从不同的角度分析，具有不同的类型，从历史和时间的角度出发，可以将文化分为古代文化、现代文化、当代文化。从地域出发，即根据文化在地理上所处的位置，可以将文化分为东亚文化和西欧文化等。还可以在此基础上进行细分。从民族出发，世界上有多少个民族，就有多少不同的文化。从文化反映的事物的性质出发，将人类所创造的文化分为伦理道德文化、科学技术文化、管理文化、思想哲学文化、历史文化、艺术文化及体育文化等。

设计源于生活，设计的中心是人，设计的主体也是人，人生存于特定的文化环境，由于设计与文化有着这种不可分割的关系，在这里我们通过分析与文创产品有密切关系的民族文化、地域文化、传统文化、流行文化、企业文化的特点，使大家对这几种文化有初步的理解。

1.民族文化

民族文化是指一个民族在长期的历史发展中共同创造并赖以生存的一切文明成果的总和。这一成果包括物质方面的、精神方面的和介于两者之间的制度方面的成果。其中，物质方面的成果实质上就是民族在物质生产活动中创造的全部物质产品，以及创造这些物品的手段、工艺、方法等，包括人的衣、食、住、行、用所属的多种物品，如食物、服装、日用器物、交通工具、建筑物、道路、桥梁、通信设备、劳动工具等。精神方面的成果是观念性的东西，通常以心理、观念、理论的形态存在，包括两个部分：一是存在于人们心中的心态、心理、观念、思想等，如伦理道德、价值标准、宗教信仰等；二是已经理论化、对象化的思想理论体系，即客观化了的思想，如科学技术、文学、艺术等。世界是由多民族组成的，各民族人民在自己的环境中，通过自己的辛勤劳动，创造出自己的物质文明和精神文明。（图2-167、图2-168）

图2-167　我国纳西族的东巴文化

图 2-168　俄罗斯套娃（上图）苏格兰服饰（下图）

澳大利亚土著人是澳大利亚最早的居民，他们创造的民族文化是历史悠久、迄今一直充满活力的文化。澳大利亚土著人相信祖先神灵在“梦时代”创造了世间万物。他们的歌舞、绘画、篮艺、雕刻充满了宗教色彩，反映了“梦时代”所发生的一切。艺术是土著人生活的中心，有人用“梦想”两个字来概括澳大利亚土著艺术的全部。土著人透过艺术的梦想，跟他们的祖先交流心灵，在梦想的世界里，人们仿佛看到了关于天地创造、民族起源的神话。今天，土著艺术已与现代艺术一起成为澳大利亚当代艺术的两大主流（图 2-169）。

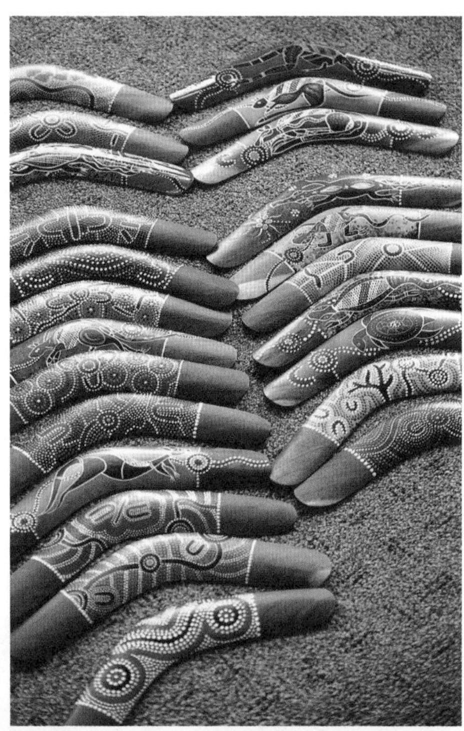

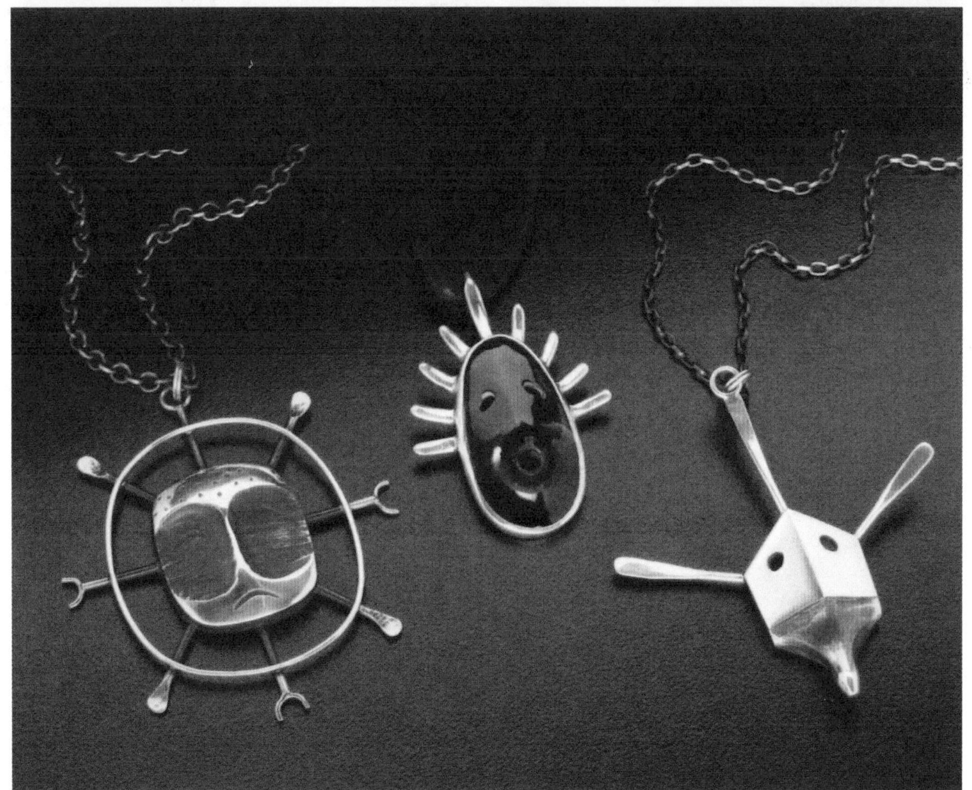

图 2-169　土著文化及其文创衍生品

2.地域文化

文化是人类知识、信仰和行为的整体，有一定的生成范围与一定的发展历程。地域文化不是一个简单的文化地理概念，而是一个有着相似文化特征而生成的文化时空概念，地域文化往往包括某个地域人们的语言习惯、生活习俗、思维模式、消费观念、消费习惯等，也就是说它应该能够体现一个地方的文化特点。其实，我国古人早就注意到这种现象，汇聚成了一句谚语：“百里不同风，千里不同俗”。这句话的意思是指各地各有各的风俗习惯。

文化的地域性，指的是每个地方的文化都有自己不同于其他地方的特征。一种文化产生于一定的地理环境中，或者说，早期人类的活动必须借助于一定的地理环境来进行，因此，人类的文化就不可避免地带有特定的地域印记。

例如，方言就是地域文化的典型代表。中国地域广阔，方言众多。在漫长的历史中，因山川阻隔、人口迁徙、民族融合等，逐渐演变出各种各样的方言，所谓“三里不同调，十里不同音”。

根据教育部2021年版《中国语言文字概况》，汉语方言通常分为十大方言：官话方言、晋方言、吴方言、闽方言、客家方言、粤方言、湘方言、赣方言、徽方言、平话土话。如图2-170所示是用粤方言设计的文创产品镭射潮人贴纸。

图2-170　粤语文创礼品镭射潮人贴纸　知了文化创意

3.传统文化

传统文化这个概念的含义非常宽泛，它不仅包括几千年来各民族在社会实践和发展过程中所形成的观念形态和行为方式，而且为不同社会形态、不同时期社会成员所共有，是包括各民族在内的人类认知客观世界、主观世界以及人类自身社会实践的一切文明成果。它的形式包括语言、文学、音乐、舞蹈、游戏、神话、礼仪、习惯、手工艺、建筑艺术及其他艺术等。

不同的国家的传统文化都具有不同的特点，中国的传统文化，大体离不开易学文化，离不开儒、道、释文化，即儒学、道学和佛学。具体体现在文学与艺术方面，又有着无限丰富的表现形式，诸如神话文化、诗歌文化、戏剧文化、曲艺文化、音乐文化、绘画文化、影视文化等。例如，粤剧粤曲又称广府戏、广东大戏，发源于佛山，以粤方言演唱，是汉族传统戏曲之一，也是世界非物质文化遗产之一。粤剧的著名剧目有《帝女花》《紫钗记》《牡丹亭惊梦》《三娘教子》等。

粤剧演员的脚色行当原为末、生、旦、净、丑、外、小、夫、贴、杂十大行，后精简为“六柱制”，即文武生、小生、正印花旦、二帮花旦、丑生、武生。

如图2-171是用粤剧和粤曲元素设计的文创食品，这套粤式曲奇—粤剧食品文创是广州名仁味来有限公司为广东粤剧院设计的，它完美结合粤剧文化与食品在广州的传统，打造专属于广府的文创产品，让文创产品不仅仅是产品，更是高颜值的食品。

粤曲是一种曲艺曲种，早期节目大多来自粤剧脚本，是一种符合区域文化认同的审美活动与文化记忆，蕴含着岭南文化的精神品格，它也是这款文创食品的名称——粤式曲奇的缩写，把粤曲和粤式曲奇进行了完美结合，把英德红茶、新会陈皮等广东特产融进曲奇，粤曲文化传播时，也能分享粤式曲奇的美味和酥脆。包装采用粤剧生、旦、净三个角色，平面的脸谱与立体的头冠配饰相结合，食品吃完后，包装盒可以作为家里的装饰摆件，物尽其用。

图2-171 粤式曲奇——粤剧食品文创　广州名仁味来有限公司

4.流行文化

流行文化是时装、时髦、消费文化、休闲文化、物质文化、流行生活方式、都市文化、亚文化、大众文化等概念所组成的一个内容丰富、成分复杂的总概念。这个总概念所表示的是按一定节奏、以一定周期，在一定地区或全球范围内，在不同层次、阶层和阶级的人口中广泛传播起来的文化，是许多人实践和追随的一种普遍的生活方式。

与传统的文化类型相比，流行文化具有三个基本特征：第一，流行文化是现代社会生活世俗化的产物，它不仅以商品经济发展为基础，而且直接构成一种商品经济的活动形式；第二，流行文化以现代大众传媒为基本载体，并且在大众传媒的操作体制中流行、扩展；第三，流行文化是一种消费性文化，呈现出娱乐性、时尚化和价值混合趋向。从某种程度上说，流行文化是一种随处可见的消费现象，因为在多数时候，它都体现为某一时期人们一种趋同的消费选择。

在设计界，波普艺术（Pop art）是流行文化的典型代表。波普是英文 Popular 的缩写，即流行艺术、大众艺术。它于 20 世纪 50 年代最初萌发于保守的英国艺术界，20 世纪 60 年代鼎盛于具有浓厚商业气息的美国，并深深扎根于美国的商业文明。波普艺术家的创作中都有一个共同的特征，他们以流行的商业文化形象和都市生活中的日常之物为题材，以反映当时工业化和商业化特征的新材料、新主题和新形式，表达日常生活中司空见惯的事物和流行文化而获得了大众普遍接受，又称新达达主义。年轻一代的艺术家试图用新的手法来取代抽象表现主义的时候，他们发现发达的消费文化为他们提供了非常丰富的视觉资源，广告、商标、影视图像、封面女郎、歌星影星、快餐、卡通漫画等，他们把这些图像直接搬上画面，形成一种独特的艺术风格。

色彩的运用是波普艺术最具代表性的艺术风格。波普设计师通常采用纯度较高、相对艳丽的色彩，并与其对比色搭配成套色，这与传统概念中的同色系套色不同，随之形成的设计作品大面积覆盖鲜明的色彩，将对比色彩作为点缀，省略色彩的过渡关系，通过撞色使整幅作品更具视觉冲击力，对比感强烈。波普艺术大量运用重构、覆盖、复制等手法表达崇尚自由且略带叛逆的思想。这样的艺术风格，我们在商业中经常能看到。如安迪·沃霍尔的《玛丽莲·梦露》（图 2-172）。

图 2-172 《玛丽莲·梦露》 安迪·沃霍尔 美国

5.企业文化

企业文化是企业的核心竞争力所在，是企业管理的重要内容，企业文化的结构分为三个层次，即基础部分、主体部分和外在部分。三个部分密不可分、相互影响、相互作用，共同构成了企业文化的完整体系，其中，基础部分是最根本的，它决定着其他两个部分。

基础部分主要由企业文化中的企业价值观、企业道德、企业精神等企业意识组成。这是企业文化最核心的结构层次，是企业文化的源泉，是结构中的稳定因素。

企业文化结构的主体部分主要包括企业文化中的组织、制度、环境、经营方式、管理制度和行为准则等，是企业文化的主要承载者，它受核心层的影响，而又影响于表面层次。

企业文化结构的外在部分主要包括企业的标志、企业的信誉、企业的行为、企业的形象等，这是企业文化结构最表层的部分，是人们可以直接感受到的，它是人们从直观上把握不同类型企业文化的依据。

目前，各大企业为了宣传企业文化，都有自己的文创礼品，例如中国银行会围绕各种活动、各类型的客户定制不同类别的文创礼品。这款马克杯（图 2-173）提取中国银行总部——中银大厦的菱形几何图案进行重新排列，杯身简约，摒弃繁复的设计，手柄采用几何形态，跟杯身的抽象几何概念相呼应，也更符合人机工程学，符合用户握持习惯，拿放方便，白瓷的质地使杯身更加细腻，口感更加润泽。

图 2-173　马克杯纪念品　中国银行

（二）文化影响产品形态的作用方式

文化影响着产品总体形态的走向，不同的历史时期、不同的文化传统、不同区域和不同民族的文化都会直接影响设计师设计风格的形成，并最终作用于产品的形态设计中。这种影响一方面以文化烙印的形式变成一种价值取向，潜移默化地作用在设计作品中；另一方面是设计师主观追求的结果，是设计师对特定文化内容进行提炼和取舍，通过设计处理使作品具备明显的该种文化特征的创作行为。本书讲述的主要是后一种影响。

文化影响产品形态设计的作用方式可以归纳为以下三个步骤。

第一，选定文化类型，确定创作的来源。

第二，对这种文化进行研究、分析的基础上提炼出具有代表性的符号要素。

第三，将这种要素与产品建立对应的关系，从平面、立体、系列化等不同的角度进行演绎最终完成产品的形态设计。

当文化被归纳为某种设计符号要素时，在产品形态设计中的具体应用又有不同的应用方法，在这里以脸谱系列文创为例进行说明。

在脸谱系列文创设计过程中，我们结合功能简单的小产品，选定京剧脸谱这一文化要素作为设计的基本元素，通过设计实践，我们总结出了平面应用、立体应用和系列化应用三条规律。下面结合实际案例进行分析。

1.平面形态强调有机结合

一般的脸谱图案设计容易落入简单搬用的俗套。设计师只有通过对产品的功能属性、形态特点、色彩关系等要素进行深入的分析，将其与脸谱的角色、性格、图形特征进行有机的关联，找到两者之间的嫁接点，才能设计出具有一定新意的作品。“净行”礼品小刀设计选用了脸谱净行中的武净为元素，红色的武净表示忠勇耿直、有血性的勇烈人物，与小刀的结合在性质上恰到好处；形态上巧妙利用脸谱局部的曲线形态与开瓶器的曲线开口以及刀把的曲线形态进行有机结合，使刀的造型与脸谱形态合二为一，取得浑然一体的效果；色彩上以红色为基调，在系列化的设计上再进行色彩的延伸与重构，为消费者提供更多的选择（图2-174）。

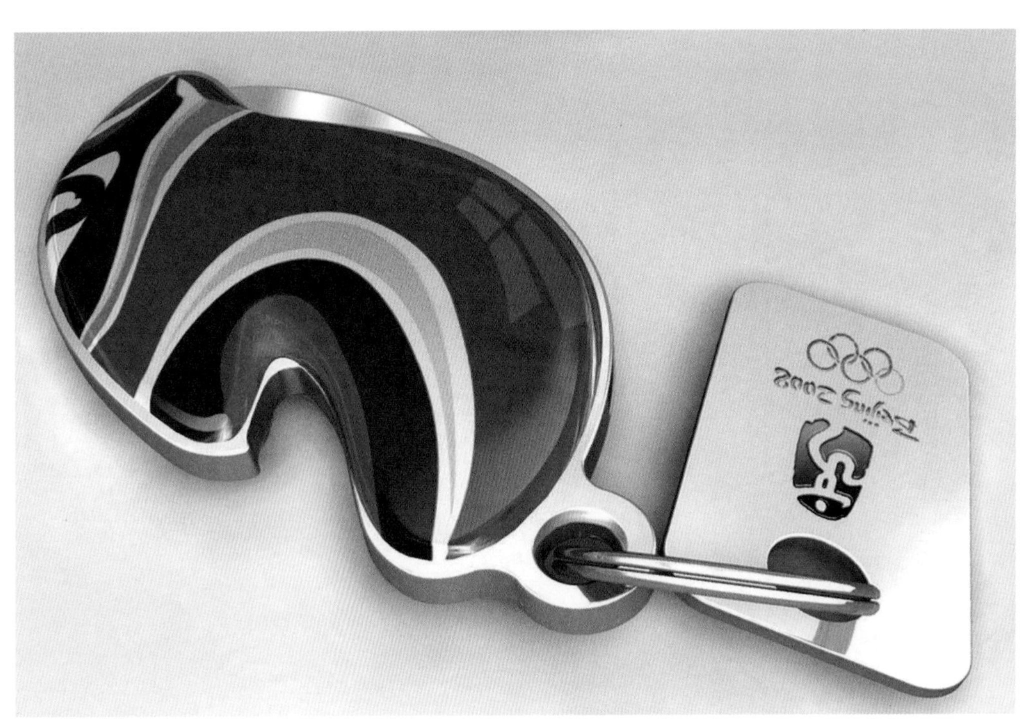

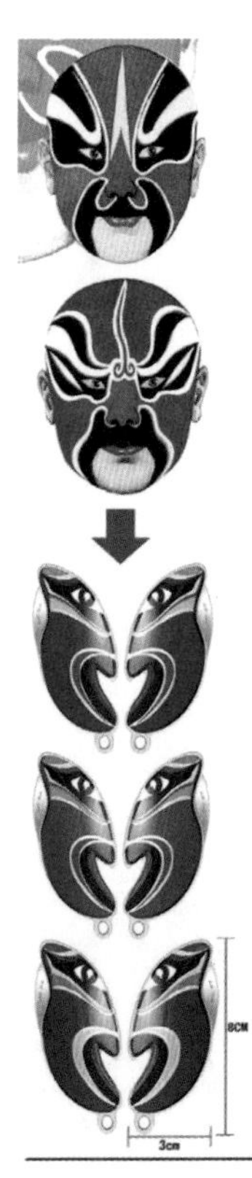

图2-174　“净行”礼品小刀　杨辉雄　广东轻工职业技术学院

2.立体形态突出再造应用

在立体形态的结合中由于功能性产品的基本形态与脸谱的形态未必存在着先天的同一性，这就要求结合产品的功能，提炼脸谱的典型特征进行相应的夸张变形，创造出既能实现特定功能又能体现文化特征的立体形态。选择红酒开瓶器的依据是红酒在西方酒文化中最具代表性，饮红酒成了西方人日常生活不可分割的一部分，将脸谱与开瓶器相结合有中西合璧之妙。脸谱开瓶器的设计是脸谱形态的立体化运用（图 2-175）。该方案在设计上将戏曲人物的头冠进行夸张，使其与开瓶器的旋转把手在形态上做同构处理，而将戏曲人物胡须的比例进行夸张放大使其与开瓶器的定位基套进行同构，这样就完成了脸谱开瓶器的基本设计。然后依据产品的关联性，将瓶塞的造型进行系列化处理，一套中国特色鲜明的脸谱开瓶器的设计就完成了。

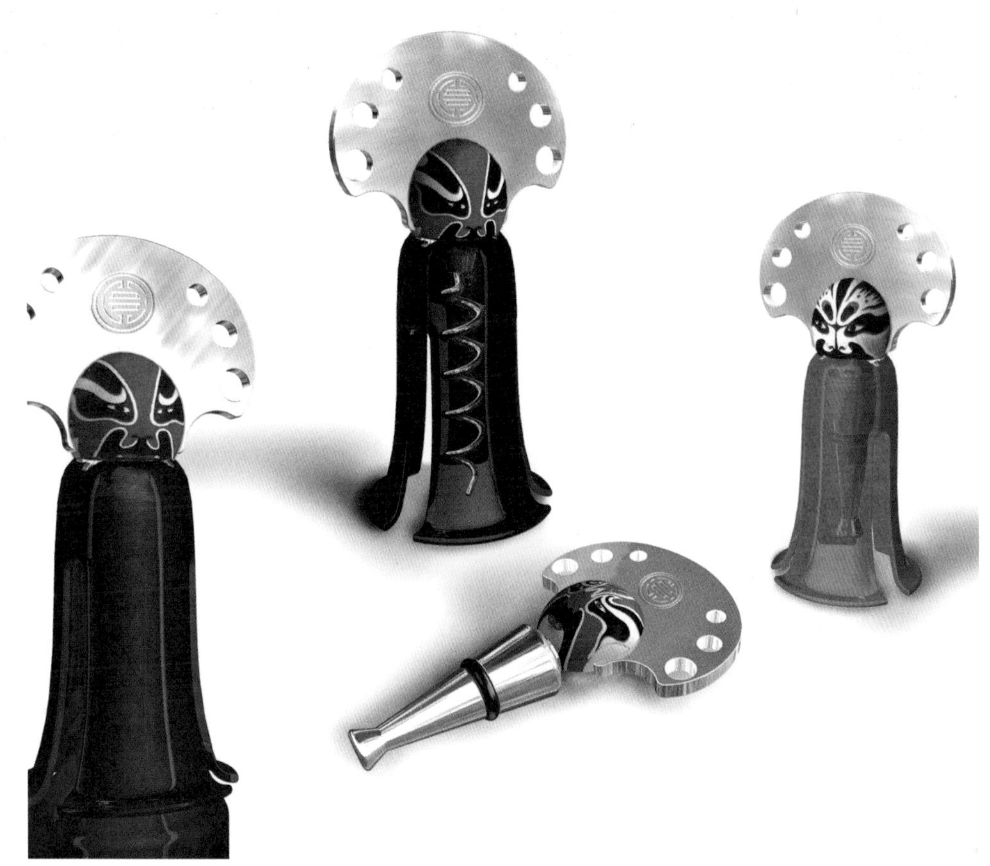

图 2-175　脸谱开瓶器　广东轻工职业技术学院

3.系列化处理重在情景再现

戏曲作为文艺作品有着其特殊的教化意义，每一出戏曲的角色都比较丰富，由不同的角色配合共同完成故事的演绎。从文化传播的角度看，仅仅使用单一的脸谱远不能完整传播我国戏曲艺术的内涵。系列化的处理方法可以将同一出戏曲里的相关角色置于一件或一套产品中，让消费者在使用的过程中对不同的角色进行识别，产生话题，进行交流，通过戏曲情境的再现，在一定程度上弥补了这种不足，达到文化传播的目的。

“脸谱酱油碟”结合用餐时每人一个酱油碟的习惯，选择相关的脸谱图案进行系列设计，可以增加用餐的格调与情趣，这个方案选用了三国时期的著名人物如孙权、曹操、蒋干、诸葛亮等进行演绎（图 2-176）。

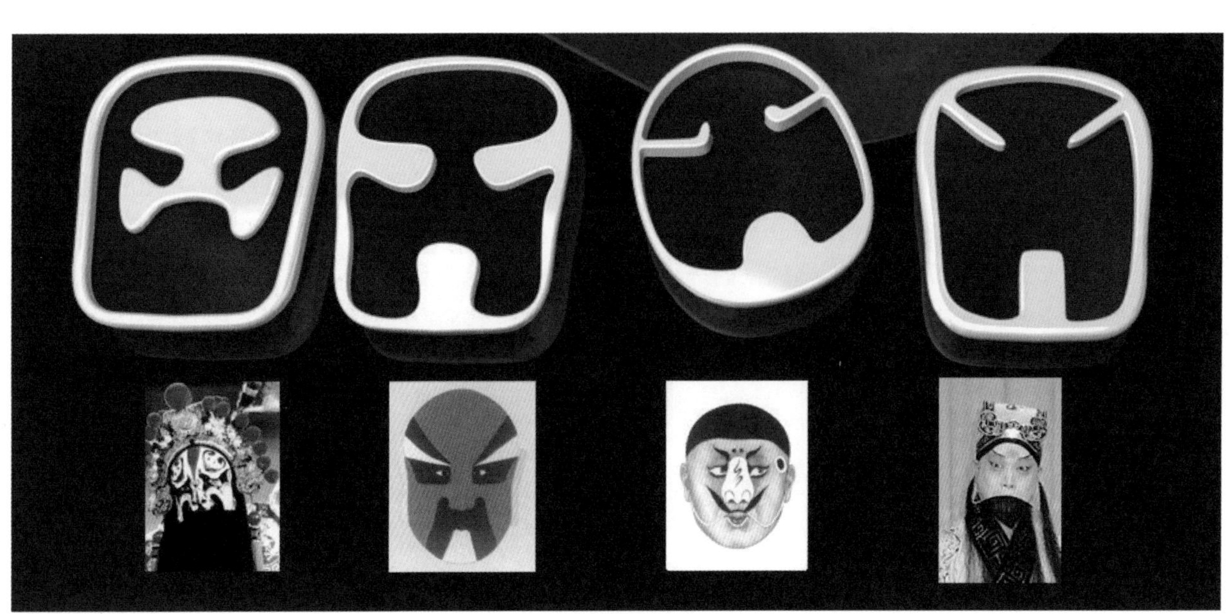

图 2-176　脸谱酱油碟　张林彬　广东轻工职业技术学院

（三）文创产品文化内涵的常见表达方式

1. 叙事性设计表达

“叙事”一词的含义用通俗的方式表达就是对故事情节的描述。换句话说，叙事就是讲故事，叙事性表达的重点就是让产品演绎或讲述“故事”。通过叙事性设计表达，可以使人们更为容易地理解复杂的信息，降低人们的思考压力，同时设计师可以在叙事的过程中增进产品与用户的距离，从而建立起一种紧密的情感联系。作为文化性较强的文创产品，叙事性设计表达可以让消费者在接触和使用这类产品的过程中，通过与产品互动，让使用者了解相关文化内涵，从而产生多重影响。

叙事主题的确立、叙述途径和方法的选择、情节的不同设置手法是文创产品叙事性设计表达的关键要素。在进行叙事性设计表达时要注意以下几个要点。

系统性。为了达到共同的叙事目的，文创产品各要素之间要形成一个有机的整体，服务于叙事主题这一核心。将叙事设计作为一个系统，除了指设计组成中的各个要素，也包含设计外在表现形式与设计的意义这两个层级之间的整体系统观。

体验感。在构思设计文创产品的外观造型的静态语意时，要同时考虑用户在实际体验设计产品时的动态流程。在情节的不同设置手法上，结合动态要素进行体验情景塑造。

文化性。用户在使用产品时，时刻会受到社会形态、价值观念以及生活方式等的影响，这就要求在进行设计时，明确用户的文化背景来确定合适的叙事主题，结合技术水平选择合适的叙述方法，从而增强产品的认同感和接受度。

叙事学中包含有叙事者、媒介以及受述者三个最基本的要素，三者彼此紧密联系、相辅相成，共同完成叙事者的叙述传递和受述者的解读反馈这两个环节，也是一个编码和解码的过程。在进行文创产品设计时，设计师根据自己的经验和知识，参考用户的文化背景、经验和知识结构通过设计产品进行编码，通过巧妙运用叙事学中的策略，如命名手法、修辞手法等，把相关文化中的典故、传说、故事、习俗等与文创作品融为一体，重点在于解决好“讲什么”“为什么讲”“怎么讲”的问题。用户根据自己的经验和知识通过使用产品进行解码。文创产品作为沟通设计者、使用者的媒体，具有提供使用、传递信息、表达文化内涵的作用，是一种符号载体。产品通过形状、色彩、材料、工艺等符号，以特殊的造型“语言”与体验情景塑造传递着各种信息，有助于调动人们的想象、回忆与认知，激发起人们与文创产品之间的情感共鸣。

例如，“沙盘”（Sand）禅意庭院钟，这个带有冥想意味的作品灵感来源于枯山水景观艺术。这款钟表利用数字代表时间的流逝，具体来说，利用表针上的耙子划过沙盘表面，留下波状纹路（图 2-177）。

在每天的前 12 个小时中，随着禅意庭院钟的单根表针不断转动，表针的耙状边沿会在沙子表面留下一系列同心环状痕迹。此后，为了给接下来的 12 个小时做好准备，表针将翻到边沿光滑的一面，将环状痕迹全部抹平。

2. 情景化设计表达

情景化是运用感性体验，由本能层次的知觉感知向反思层次的心理体验转移，在《心理学大辞典》中情景化的定义是“人在特定的情景环境中对客观事物产生的情感态度体验，其更多关注的是人的高级心理过程”。

图 2-177　禅意庭院表　阿亚斯坎工作室（Studio Ayaskan）　英国

情景化设计是情景理论延伸出的情化、景化设计的交融，情化是主体，强调与人的情感联系，景化是客体，表达其物质存在性的同时不乏情感色彩。它是人类情感的物化，注重以情入景，在进行文创产品情景化设计表达的初期优先确立“情”，然后以“情”为基调，用设计的手段和方法造“景”，以此引导受众进入角色，达到触景生情、情景交融的状态，唤醒与受众在情感上的共鸣。文创产品情景化设计表达通常会借鉴现实生活中存在的能引发人们联想的情景进行抽象或具象的表达。借助人们的身体记忆和历史经验的积淀，以达到一种情境塑造和氛围渲染的目的。

例如，山水鱼缸（Fishscape Fishbowl）的设计来自阿鲁利登（Aruliden）工作室，利用凸起使玻璃缸底部看起来像一个山脊，再巧妙结合光线与阴影，就有了这个山“清”水秀、精致的水下景观（图 2-178）。

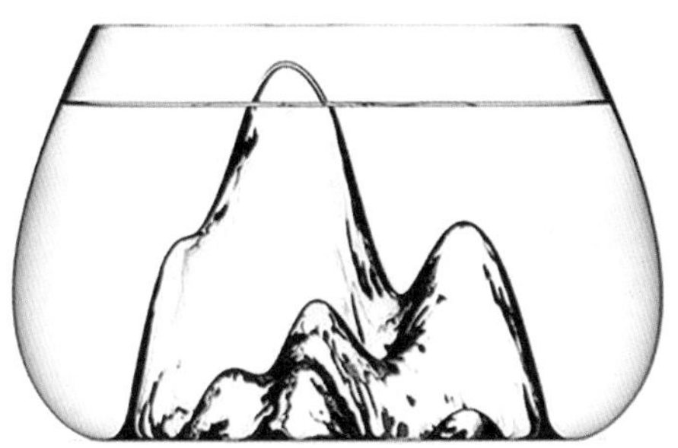

图 2-178　山水鱼缸　阿鲁利登（Aruliden）工作室　美国

3. 趣味化设计表达

趣味的释义是使人感到愉快，能引起兴趣的特性，具有吸引力的特征。趣味化设计是一种融入有趣形式的情感，通过产品为媒介，实现情感传达、引发快乐体验的设计方法。

目前，在中国，由于年轻人对中国传统文化的认可，文创的设计越来越年轻化，体现出时尚、新潮的调性，趣味化设计表达比较常见，文创产品的趣味化设计表达可以从如下几个方面入手。

第一，功能趣味化。功能趣味化是指在文创产品的功能设定中添加趣味性，满足人们对功能与情感的需求。应该注意的是，趣味不能代替产品的基本实用功能，不能因为对趣味的过度追求而掩盖了产品的基本功能。

例如，日本设计工作室 Nendo 为星巴克设计了调皮的“满杯咖啡”系列（图 2-179），以星巴克经典的白色杯子为基础，在杯子底部添加了栩栩如生的咖啡图案，使杯子倒着的时候也像一杯满杯的咖啡，共有三个种类——美式咖啡、拿铁和焦糖玛奇朵。这个附加的功能让杯子在不使用时也能增加生活的趣味。

图 2-179 “满杯咖啡”系列 Nendo 工作室 日本

第二，形态趣味化。在这里，文创产品形态的趣味化，是指在文创产品的平面或立体形态中融入有趣的形式，与用户建立情感纽带，唤起他们内心深处的记忆，让用户感到愉悦。

例如，故宫博物院的朕亲临手机壳、雍正卖萌款笔记本等文创产品，设计师深度挖掘丰富的文化元素，努力将故宫博物院的建筑、文物、历史故事通过图案趣味化的手法呈现给大众。这种趣味化图形的设计受到消费者的普遍认同（图 2-180）。

又如，国家宝藏大唐仕女瑜伽盲盒系列（图

图 2-180 朕亲临手机壳、雍正卖萌款笔记本 故宫博物院

2-181），一个个体态丰腴的少女，为了提升气质，改善体态，调节心情，练起了瑜伽，将唐朝仕女设计成虎式、三角式、树式、莲花式等女子瑜伽的各种造型，成为盛唐的一道独特风景，趣味化的立体形态设计将传统与现代巧妙结合，这是新国潮文创的打开方式。

第三，过程趣味化。过程趣味化，就是通过文创产品的使用过程激发使用者多层次的感官体验，提高文创产品的趣味性体验。将趣味化与用户行为进行结合，通过用户与文创产品使用、娱乐、教育等功能有机融合，构建用户因参与交互行为产生愉悦的行为体验，也能让用户在交互行为中感受到共创的趣味。

如图 2-182 所示的日本富士山橡皮擦，通过用户在使用橡皮的过程中，随着橡皮的减少，慢慢露出富士山的形态，给用户以惊喜，增加使用的趣味体验。

图 2-181　大唐仕女瑜伽盲盒系列

图 2-182　富士山橡皮擦　普乐士（PLUS）日本

四、实战程序

本节的文创产品形态设计类项目的实战程序，与生活用品类的实战程序类似，本节就不具体展开示范，可参照生活用品项目的实战程序部分结合自选项目变通实施。但基于这类产品文化要素的重要性，下面通过广州知了文化创意有限公司提供的虎年节庆“开门纳福新年礼盒”项目，分析文创产品形态设计要关注的要点。

“开门纳福新年礼盒”项目由广东省博物馆与广州知了文化创意有限公司联合开发，广州知了文化创意有限公司为主创，广东省博物馆提供文化内容输出。文创产品设计在兼顾工业产品特性、文化艺术性的同时，还需满足用户的精神需求。进行该项目产品的形态设计时，主要以“看得到，买得起，带得走，用得到，学得到”五大原则为依据。

“开门纳福新年礼盒”是2022虎年新春礼盒，包含有虎年对联套装、粤语开运红包、护身虎门神摆件、虎年冰箱贴、虎年新春挂牌、开门纳福贴纸套装、松木糖果盒、开门纳福迎春灯笼等（图2-183）。（教学资源见末尾勒口二维码）

图2-183　开门纳福新年礼盒　广州知了文化创意有限公司

新年礼盒主题为开门纳福，以岭南建筑极具代表性的西关大屋为灵感，提炼趟栊门这一典型特征，将“开门”的动作巧妙地运用在外包装上，打开包装时就仿佛打开一扇扇门，进入到喜气洋洋的迎春大厅，金玉满堂，而带着我们对新年美好祈愿的丰富年礼就藏在其中。

对联主视觉以岭南新年习俗为题材，通过原创描绘了可爱的老虎在节日当天的生活状态，形象展现了（冬至）冬大过年、（廿四）谢灶君、（廿八）洗邋遢、（三十）团年饭、（初一）贺新春、接灶君、迎财神、庆元宵等春节场景，结合了醒狮、满洲窗、岭南盆景、广州标志性建筑小蛮腰、福、灯笼、鞭炮、鱼等元素，串联出一幅幅其乐融融富有生活气息的开门纳福岭南新春贺年图（图2-184）。

新年收红包前都会伴随着一句祝福，将祝福用粤语结合年轻人喜欢的网络用语及有趣的图案，设计出6款不同的红包，多彩丰富。冰箱贴套装沿用主视觉元素，制作出迷你对联和门神，用磁吸的方式贴在冰箱上，小巧可爱又喜庆（图2-185）。

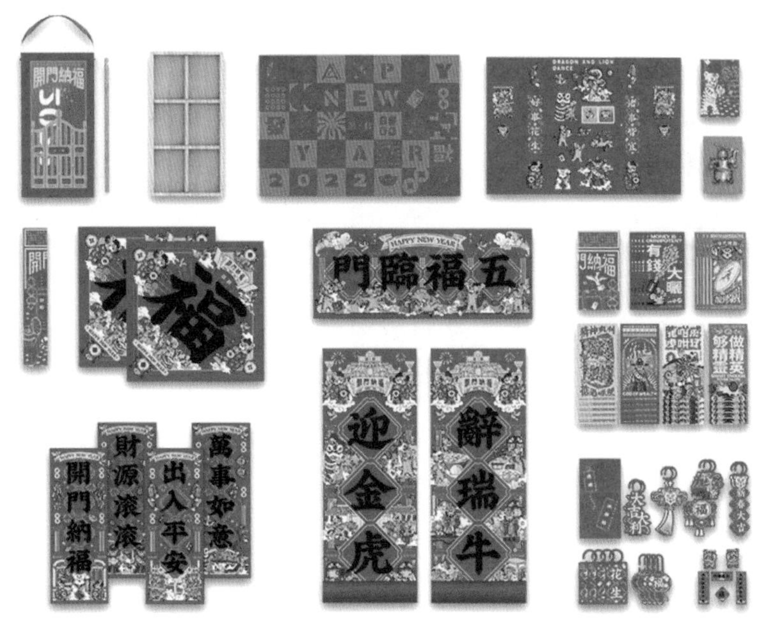

图 2-184　开门纳福新年礼盒包装、对联设计

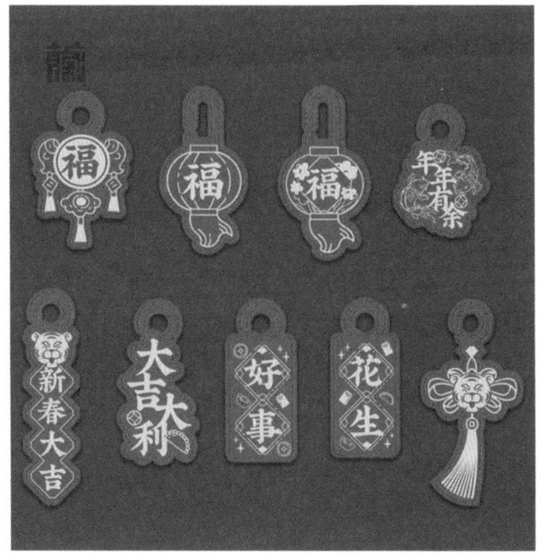

图 2-185　新年红包、冰箱贴套装

通过巧妙设计让包装也能物尽其用，最外层包装不单是一个手提袋，侧面和底面均采用了镂空设计，还能搭配把手、挂牌、灯带变成迎春灯笼（图2-186）。这套便是以西关大屋为主要元素，结合了醒狮、岭南盆景、广州标志性建筑等岭南文化符号设计的新年礼盒，在体现西关大屋文化特色的同时，结合年轻人的喜好，用生动的插画、网络用语进行设计表达，体现出对岭南西关建筑文化的创新性传承。

从“开门纳福新年礼盒”的设计可以提炼出文创产品形态设计的关注要点如下。

图 2-186　开门纳福新年礼盒包装设计

（一）重视用户精神需求的分析

精神需求是满足人的心理和精神活动的需求，是指人们在精神上的追求。在消费升级的大环境下，消费者越来越注重精神层面的需求，因此我们要通过产品的创新设计来满足用户精神生活、精神层次的需求。对于春节礼盒来说，用户的精神需求分析如下。

第一，作为新年礼盒，承载了春节气氛的营造，用户需要感受“喜庆、热闹”的氛围。

第二，满足用户“趋吉”心理，体现“开门纳福”好寓意。

第三，满足长辈对传统文化的美好记忆及年轻一代对“新鲜事物”的渴望。

（二）重视文化内涵解读及典型文化特征提炼

文化内涵是指文化的载体所反映出的人类精神和思想方面的内容。文创产品由于其文化属性，成为一个区域文化符号的表现形式，其背后是一个区域具有代表性的公共文化的体现。文创产品所蕴含的丰富文化内涵，让人们能够对它产生深刻的印象，实现文化品牌效应，增强文化的输出和传播。因此深入挖掘并梳理项目相关的文化内涵，是文创产品物质与精神谱系建构的重要基石。在此基础上，设计师需对典型文化特征进行提炼，才能实现后续的“文化再创造”。该春节礼盒的文化内涵解读及典型文化特征提炼如下。

第一，西关文化是岭南文化和广府文化的一个重要组成部分，也是岭南文化的缩影和典型代表。而西关大屋作为西关建筑文化主要体现的载体，是根据岭南气候特色延伸出来的时代产品，为适应亚热带温湿气候，在建筑布局、建筑工艺、装修工艺上都有浓郁的地方建筑特点 。西关大屋平面布局多为矩形，糅合了广州和珠江三角洲一带“传统民居”三间两廊式的基础，吸收苏州等地大宅厅堂、花园布局演变而成（图 2-187）。西关大屋采用以中轴为中心，左右对称及厅房布置层次分明的结构，适应了广州人传统的宗族、家族、长幼尊卑的观念，西关大屋在发展过程中，柔和又自然地把西洋的建筑优点结合到整体结构布局中，给人们的观感是协调和统一的，体现了其开放性和兼容性，是一种创新性的传承。

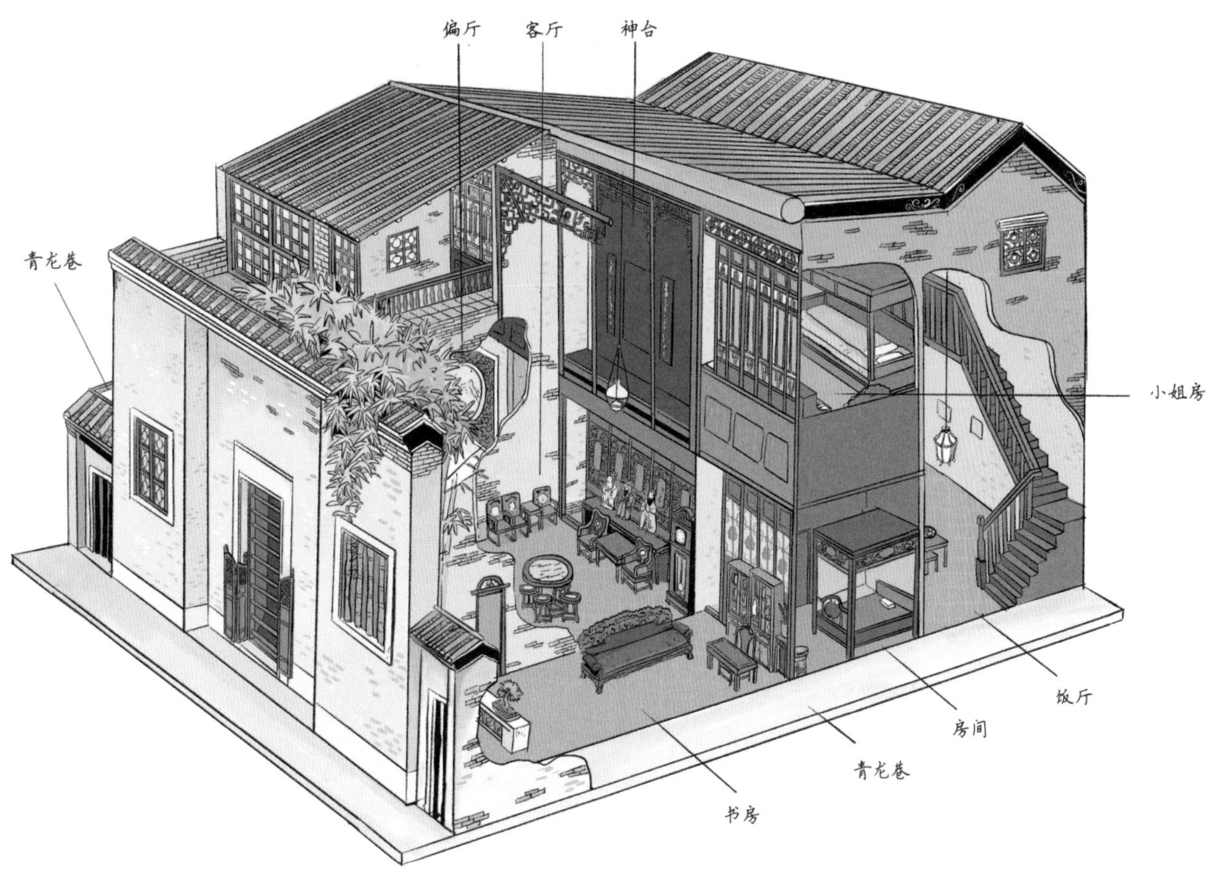

图 2-187　西关大屋结构示意图

第二，趟栊门（图2-188）是西关大屋的主要特征，形式多样，装饰花纹工艺各有不同，趟栊门结构分为三部分：脚门（又称屏风门，是四扇对开的小折门，能减少屋外干扰，又可通风、采光）、趟栊（由单数目的坚硬圆木条构成，整体横向开合，关而不闭，保证透气的同时有一定的防盗作用）、大门（厚实的大木门，主要起防盗作用）。

第三，提炼了常规的春节典型元素，如生肖、祝福语、喜庆的场景等。

图2-188　趟栊门

（三）通过文化内涵的植入与转换满足用户的精神需求

文化内涵的植入和转换是将产品与本土文化进行结合，通过合理地植入和转换，让产品能够更好地传递本土文化的情感和认同感，从而满足用户的精神需求。具体来说，文化内涵的植入可以通过以下几种方式实现。

第一，语言和符号的运用：通过文化语言和符号的使用，让用户能够更好地理解和接受产品所代表的文化内涵。例如，新年礼盒中使用了“好意头”粤语符号，来表达产品的特点和价值。

第二，故事和习俗的表达：通过传统故事和传说来表达产品的特点和文化内涵，让用户能够更好地感受到文化的魅力和意义，例如，对联利用上下联的顺序用插画的形式讲述了年前的习俗如“洗邋遢”“谢灶神”等，到春节后的习俗“拜年”“元宵吃汤圆”，让消费者体验一个完整的过年习俗大观，满足对新年习俗的好奇（图2-189、图2-190）。

图 2-189　春节习俗插画设计

图 2-190　春节习俗插画应用于对联

第三，文化元素的表现：通过传统服饰、建筑、食品等文化元素来表达产品的特点和文化内涵，让用户能够更好地感受到本土文化的独特魅力，如礼盒运用了趟栊门、满洲窗、西关大屋等元素营造“西关过大年的气氛”。

第四，文化内涵的转换：通过将原有文化的特点和价值与现代化的需求进行充分的融合和转换，以适应现代人的需求和生活方式。例如，利用微型化、类比等设计手段，结合现有工艺，创造出具有独特美感和实用性的产品。

综上所述，文化内涵的植入和转换是为了更好地满足用户的精神需求，使产品与本土文化充分结合，产生更加独特和个性化的价值，提高用户的满意度和价值感。

对应前面用户精神需求的分析，春节礼盒设计具体的做法如表 2-11、表 2-12 所示。

表2-11　春节礼盒满足用户精神需求设计的具体做法

用户对于春节礼盒的精神需求	春节礼盒如何满足用户的精神需求
营造春节喜庆、热闹的气氛	1. 选择传统的春节元素，如红色、春联、年画等，作为礼盒的背景。 2. 添加具有象征寓意的礼品，如福字、灯笼等，代表好运永伴，光明照耀。 3. 使用大众化的春节符号，例如，中国十二生肖动物以及它们的相关物品（红包、挂件等），营造热闹的氛围。 4. 加入一些活动性比较强的礼品，如搭配压岁钱的趣味红包，可以引发更多欢声笑语。 5. 用户自行组装，人们可以动手制作自己的春节装饰品，更贴近传统和民俗文化，如礼盒外包装可作为灯笼。 6. 针对有子女的家庭，还需要融入更好的亲子互动形式，如游戏等。
满足用户“趋吉”心理，体现“开门纳福”好寓意	1. 虎年新年礼盒主题为开门纳福，“虎”与“福”发音相近，寓意新的一年五“虎”临门，开门纳福。开门纳福代表着对新年或节日的祝福和迎接。它象征着打开大门，欢迎好运、幸福和繁荣的到来，同时向不好的事情说再见，迎接新的开始。 2. 外包装封面采用创意设计，通过透明聚丙烯（PP）材质可看到内层贴纸门神图案，搭配烫镭射银工艺，独特绚丽。礼盒将“开门”的动作巧妙地运用在外包装上，以岭南建筑极具代表性的西关大屋为灵感，从其建筑结构出发：西关大屋角门—趟栊—大门—大厅，采用“开门三部曲”的结构设计。打开包装时就仿佛打开一扇扇门，进入到喜气洋洋的迎春大厅，新年美好祈愿的丰富年礼就藏在其中。创新的用户交互设计，赋予打开礼盒包装这一动作美好的寓意，让其成为表达感恩和祈愿的一种方式。
满足长辈对传统文化的美好记忆及年轻一代对“新鲜事物”的渴望	1. 找到西关大屋趟栊门建筑文化和春节传统习俗作为契合点，这个契合点需要有以下几个特征。第一，在“老一辈”的过往生活中（特别是童年时候）经常用到的，看到的，或者是认知的东西。第二，在“新一辈”生活中已经不存在的符号，或者是在他们认知完全形成前消失或已经被替代的东西。第三，作为一个符号，让“老一辈”联想自己与“新一辈”同等年龄段时所发生的记忆，并有意愿分享给新一辈。 2. 这个契合点需要融合两个时代的流行元素，在视觉上既是“老一辈”曾经的流行东西，也是现代“新一代”所喜好的东西。 3. 除了元素融合，还需要产品具有沟通“新老”的互动形式。

表2-12 趟栊门的开门流程与包装打开方式相结合

西关大屋	融合方式	新年礼盒
开门三部曲（现实开门方式）	类比手法	开门三部曲（礼盒开盒方式）
脚门 	类比手法	外包装（脚门镂空纹样） 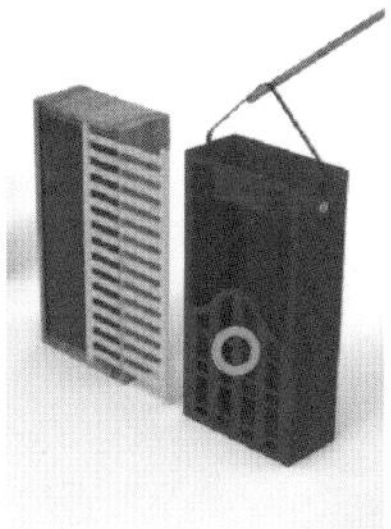
趟栊 	相同的滑动打开方式	盒盖（亚克力镂空样式） 
大门 	相同的对开打开方式	礼盒内包装封面（对开形式的贴纸） 
屋内景观 	模仿屋内格局分割	各产品的内包装 

（四）常规礼品主要以“看得到，买得起，带得走，用得到，学得到”五大原则为形态设计依据

1.看得到

“看得到”即消费者在琳琅满目的商品中可以瞬间被吸引的产品形态，也是我们常说的产品市场差异化设计，主要体现有两点：第一点，就是品牌一直延续的，被公众所认知的设计元素或者是设计语言。例如，在新年礼盒中，“松木木盒+包装二次利用”是知了公司延续5年的新年礼盒设计的设计语言。第二点，就是营造“不常见”的形态。新年礼盒当中运用的多种材质碰撞、不一样的结构形式，交互方式等，达到“眼前一亮的视觉感受”。

2.买得起

“买得起”主要表现在产品的成本控制与材质的巧妙运用上，就是满足效果的同时，在众多材质工艺中寻找最优的解决方案。例如，在新年礼盒设计中，封面开窗部分，在设计过程尝试运用亚克力、聚碳酸酯（PC）、聚氯乙烯（PVC）等材质进行搭配，但最终因成本及重量（后期运输成本）考量，选定成本低、重量轻的PET片材。

3.带得走

“带得走”主要针对线下销售场景，在线下产品形态中体量是一个重要的参考因素。体量对应的就是产品的便携性，用户对便携性的考虑直接影响消费心理。例如，在新年礼盒设计中，外盒材质使用了松木原木，比同等体积下的裱纸礼盒轻30%。同时直接在外封套上加了提手，在进行内容的设计时既要考虑习俗的约定，如对联、红包等要按照常规尺寸设计，也要考虑所有配件放在包装内不浪费空间也不会摇晃，以此为依据选择合适的包装尺寸，能使礼盒更加便携（图2-191）。

4.用得到

“用得到”主要针对产品的实用性考虑，让产品在使用后，或者使用中会高频出现在用户面前。通过优化产品的画面、功能和操作，提高用户的使用体验和便利性，让用户感受到产品的舒适、便捷和高效。例如，新年礼盒内的所有产品都是渲染春节节庆氛围的用品，如对联，贴上后基本上人们每天都会看见，可加深用户印象。

5.学得到

“学得到”主要是让用户在使用产品中能接收到文化和信息，跟植入的文化内涵及其形式息息相关，太深的文化内涵，或者是不明确的转换形式会直接影响用户的感知与阅读。例如，新年礼盒设计植入了新年习俗的内容，变成一组漫画，让用户更感兴趣、更容易阅读。

图2-191　新年礼盒产品的尺度设计

第三章　欣赏与分析

第三章　欣赏与分析

本章概述

本章主要介绍国内外优秀的产品设计案例，并将这些案例按照产品形态特点分为简约风、复古风、工业风、国潮风、科技感、仿生六个类型。本章所选的国内外优秀的产品形态设计案例，尽量考虑到当下的影响力和示范意义，也兼顾了地区和产品类别的代表性，通过将优秀作品按照其形态特点进行归类，图片配合文字说明产品设计亮点及产品形态设计方面的思考，希望给学生起到借鉴的作用。

学习目标

学习国内外优秀产品设计案例中的形态设计方法。

分析对比各类型产品的形态风格特点，思考如何借鉴优秀产品设计案例的亮点，并加以运用。

第一节　简约风

简约风是一种追求简单、纯粹和精致的设计风格。它强调形式的简洁和材料的质感，通过最少的元素来传达设计的意图。

作品名称：厨具套装

品牌：卡尔维（Caraway）

设计解码：卡尔维炊具（图 3-1）致力于在高品质、风格和功能之间取得平衡，厨具套装拥有引人注目的个性且简约的外观，包括煎锅、平底锅、荷兰烤箱、炒锅和三个匹配的盖子，陶瓷炊具是环保的，由光滑无毒的不粘材料精心制作而成，产品有五种不同的颜色可供选择，包括粉红陶土色、鼠尾草色、奶油色、海军蓝色和灰色，对厨房起到很好的装饰作用。每个锅盖都有一个优美的弧线形扁平手柄，形态简单清爽，这也成为这套产品的典型符号特征，每套炊具还配了四个磁性平底锅架和一个带橱柜挂钩的帆布盖架提供收纳，让厨房看起来井井有条。

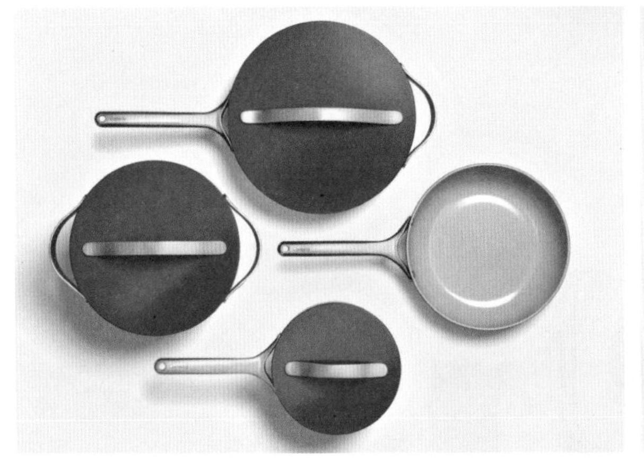

图 3-1　厨具套装　卡尔维（Caraway）　美国

作品名称：摩艾（MOAI）陶土花瓶

品牌：开始实验室（Incipit Lab）

设计解码：摩艾陶土花瓶（图 3-2）灵感来源于复活节岛上的大小不一、充满神秘感的摩艾石像。设计提取了石像狭长的形态特征，并对严肃的五官做了抽象简化处理，塑造了这组神似石像的花瓶。陶土材料保留了粗犷的质感，还原石像原始而神秘的气息，柔和简约的线条则弱化了石像严肃的气质，使产品更具亲和力。陶土表面为无铅彩釉，提供了水泥灰、浅蓝、深红和深绿四种颜色，低饱和度的颜色更加符合现代的审美。长款花瓶适用于室外阳台或城市露台，此外摩艾还有小规格的花瓶，圆润小巧，适用于室内家居场景。

图 3-2　摩艾（MOAI）陶土花瓶　开始实验室（Incipit Lab）　意大利

作品名称：苹果手表 7 系列

品牌：苹果（Apple）

设计：苹果设计团队（Apple Design Team）

设计解码：苹果手表 7 系列（Apple Watch Series 7）（图 3-3）的设计完美地展现了苹果公司对产品细节的把控，展现了现代美学。手表体积小巧，金属边框纤细，仅 1.7 毫米，抗震的水晶玻璃显示屏延伸至边缘，无缝衔接至表框，与表框的弧形完美融合，简约统一，实现产品整体极高的流畅度。屏幕的延伸设计使手表整体尺寸仅放大 1 毫米的情况下，可视面积增加了 20%，从而可以显示更多信息。手表框架有铝合金、钛合金、不锈钢三种材料，不同材料对应不同颜色，主要有黑色系、星光色系、金色系、绿色、红色、蓝色。表带的设计有编织带和硅胶软带两种款式，满足用户对电子手表的个性化时尚需求。

图 3-3　苹果手表 7 系列　苹果（Apple）　美国

作品名称：美的 MY-YL50Easy505 电压力锅

品牌：美的

制造商：佛山市顺德区美的电热电器制造有限公司

设计解码：现代生活复杂而快节奏，但许多人仍然追求内心的平静。图 3-4 所示的电压力锅柔软、简约、圆润的外观给人带来一种安宁感，放在现代家居环境里也不显得突兀。白色细腻的磨砂质地具有亲和力，会让人们忍不住想触摸它。

图 3-4　MY-YL50Easy505 电压力锅　美的

作品名称：有色 7 号（YOOSE-No.7）吹风机

设计公司：加减几何

设计解码：有色 7 号是一款全合金一体化“7”字形设计高速吹风机（图 3-5）。风体流道衍生的外形和流畅的一体化无接缝设计均展现了形体构造的极简之美。20 道工序的合金外涂层处理工艺造就了产品完美的触摸质感，体现了科技和艺术结合的极致美学。

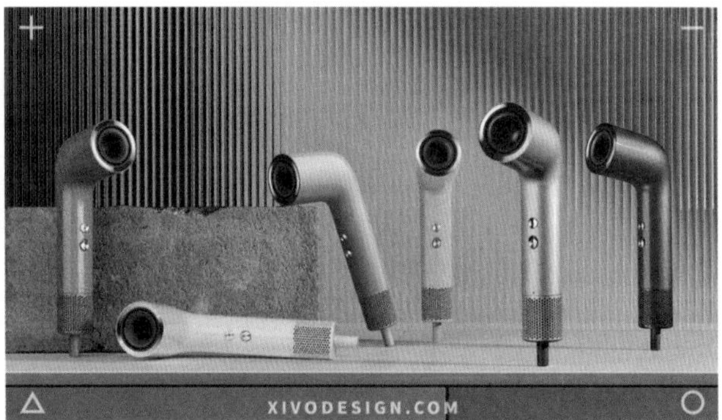

图 3-5　有色 7 号（YOOSE-No.7）吹风机　加减几何

作品名称：BeoSound 2 无线蓝牙高保真音箱

品牌：铂傲（Bang & Olufsen）

设计解码：BeoSound 2 无线蓝牙高保真音箱（图 3-6）将设计美学与功能性的结合发挥到极致。产品的造型最初源于其结构设计——较小的高音元件与较大的低音元件上下布置，从而达到更好的高低音性能和产品稳定性。除了结构功能的实现，锥形设计结合顶部的提手，使产品也有了可移动的功能。外壳采用铝合金材料，表面处理采用精湛的阳极电镀工艺，目前有自然银色、金色和炭黑色三种颜色可选。音箱整体造型简约，底部悬空设计在视觉上呈现出灵动轻巧的感觉，提手处火山弧的精巧细节与简洁利落的整体造型结合，使产品置于家庭任何角落都能具有很强的装饰性。

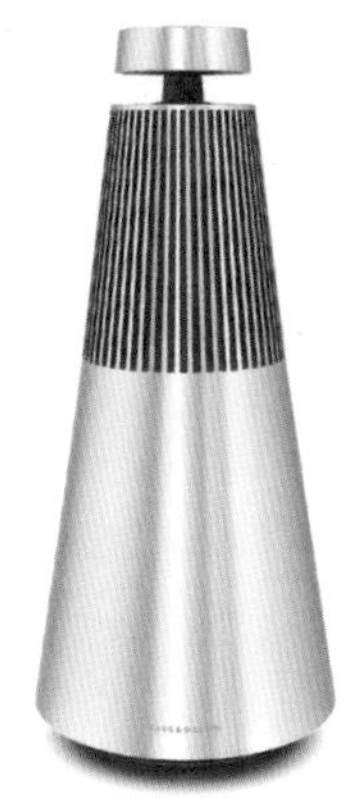

图 3-6　BeoSound 2　无线蓝牙高保真音箱　铂傲（Bang & Olufsen）　丹麦

作品名称：叠茶机

品牌：小熊

设计：贝尔电器有限公司

设计解码：图 3-7 所示的这款茶具专为热衷于茶文化的年轻人而设计。它可以简化传统的茶道，使泡茶变成一件更容易、更方便的事情，从而适应现代生活的快节奏。它外观简约朴实，堆叠式存储设计在外观和功能上与同类产品不同。堆叠式的设计可以节省空间，让用户可以随时打造小型私人茶室，享受茶饮体验。

图 3-7　叠茶机　小熊

作品名称：弧度（Radian）电热水壶

制造商：深圳市二十四文化创意有限公司

设计：深圳市艾西德设计有限公司（Shenzhen Esid Design Ltd.）

设计解码：弧度电热水壶（图 3-8）的设计主要针对独居人士的需求：体积小，装水容量适中，操作简单。水壶带有山毛榉木手柄的圆形主体和匹配的圆形底座，简约有致的形态让它放在桌上时更像是一件艺术品。

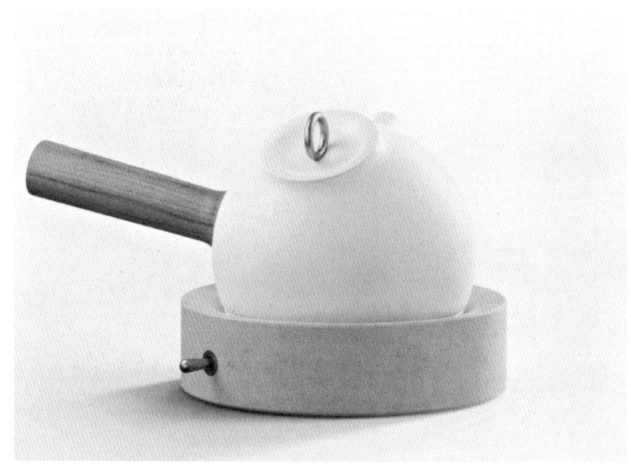

图 3-8　弧度（Radian）电热水壶　深圳市二十四文化创意有限公司

作品名称：雷达（Radar）路由器

设计：柳在垣（Yeo Jaewon）

设计解码：雷达路由器（图 3-9）的圆盘状设计融入了日常生活中人们用于放大光、视频和音频信号的方式，旨在最大化集中无线网络信号。产品外观造型由几何形体组成，配合竖条纹理装饰，颜色采用柔和的低饱和度色。简约现代的造型让产品可以作为室内优雅的摆件。

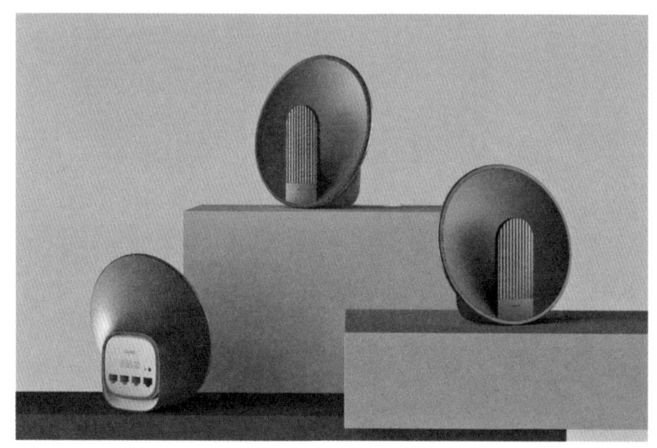

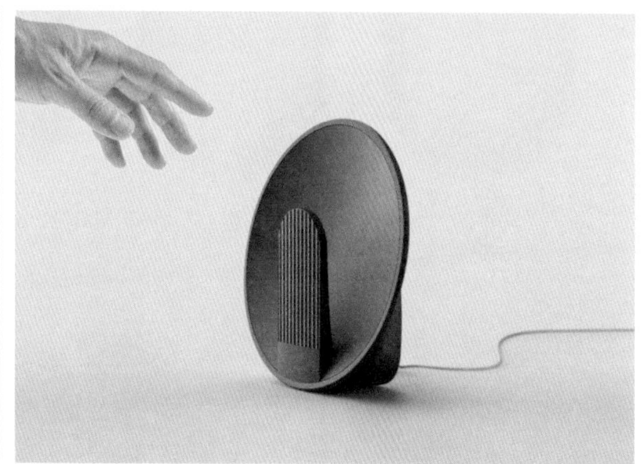

图 3-9　雷达（Radar）路由器　柳在垣（Yeo Jaewon）　韩国

作品名称：AirPods Max 无线蓝牙耳机

品牌：苹果（Apple）

设计：苹果设计团队（Apple Design Team）

设计解码：如图 3-10 所示，这是一款经过全方位重新构思的头戴式耳机。耳机头带上的穹网由紧绷的透气织物构成，有助于分散重量，减轻头部的压迫感，外观上呈现简约独特的轮廓曲线。不锈钢框架外包裹的材料触感柔软，兼具出色的强度、弹性和舒适度。伸缩套杆既能顺畅延展，也能稳定在用户想要的位置，佩戴起来始终紧密贴合。耳垫外层覆有特制的网面织物，听音乐时，耳朵仿佛倚靠在柔软的枕头上。耳机壳采用阳极氧化的铝金属，有五种色调可以选择，光滑的表面和简单的形式具有独特而永恒的质感。

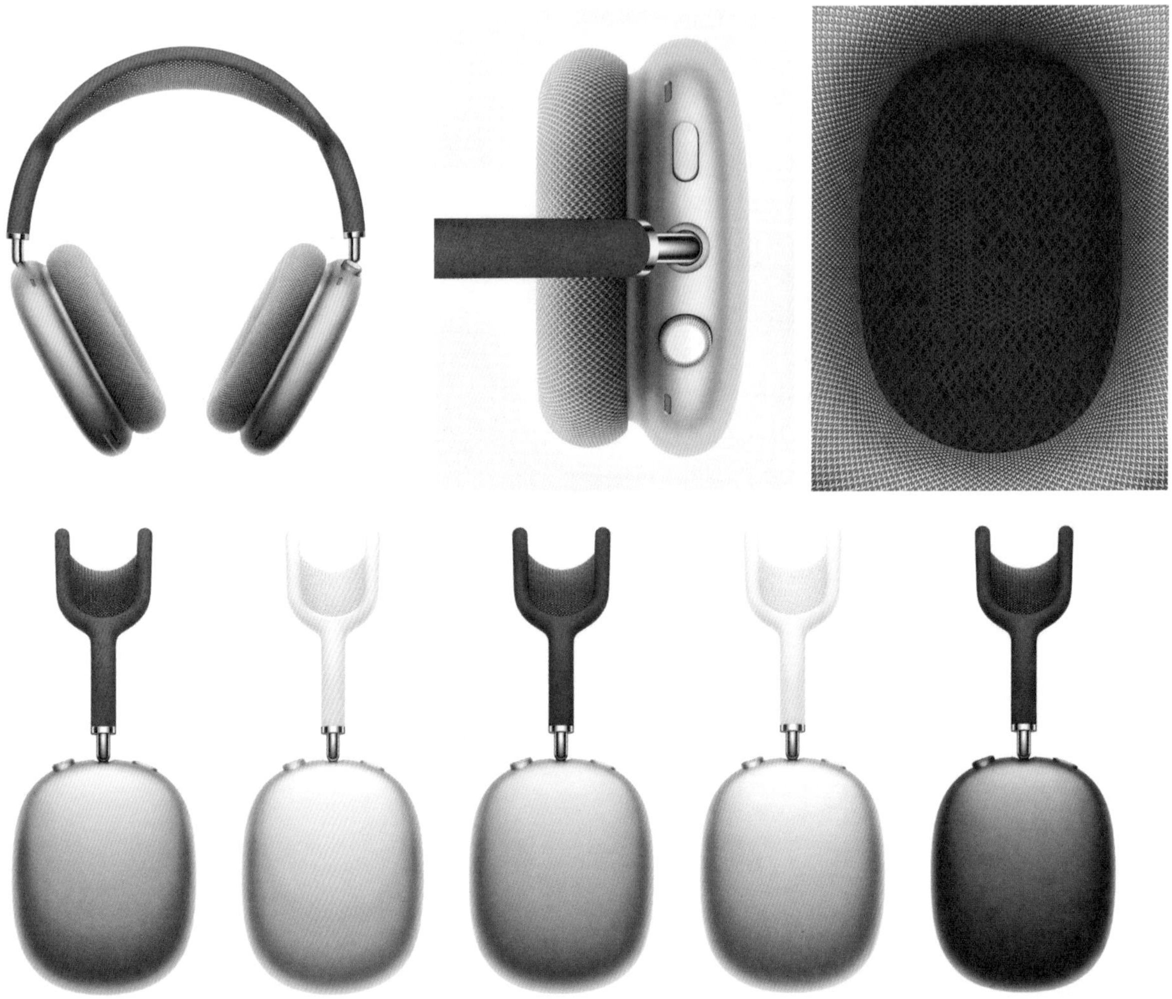

图 3-10　AirPods Max 无线蓝牙耳机　苹果（Apple）　美国

作品名称：Buds 4 无线耳机

品牌：小米

设计解码：如图 3-11 所示，这款耳机盒采用了圆润的类鹅卵石设计，简单的分割设计将形态分成两部分，搭配两种拼接材质。耳机采用贴耳设计，合理的配重比让重心落在入耳部分，让用户佩戴更加稳固舒适。这款耳机拥有三种配色，分别为旷野绿、盐湖白、月影黑。

图 3-11　Buds 4 无线耳机　小米

作品名称：硅胶弯角奶瓶系列

制造商：马库斯和马库斯国际有限公司

设计解码：硅胶弯角奶瓶系列（图 3-12）为母亲提供了一种简单方便的方式来用母乳喂养婴儿。硅胶奶瓶是倾斜的，这有助于帮助母亲采用半直立的喂养姿势，防止婴儿胀气、绞痛和呕吐等。产品倾斜的上半部也成为该系列奶瓶的最大造型特点。此外，它也具备婴儿产品的形态特征：圆润的造型、简约的形态以及柔和的配色。

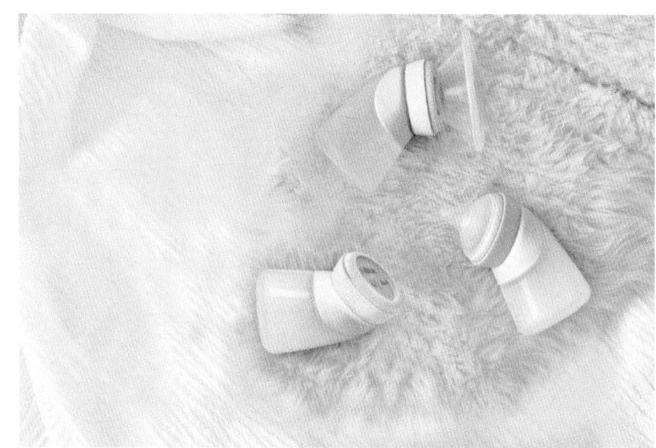

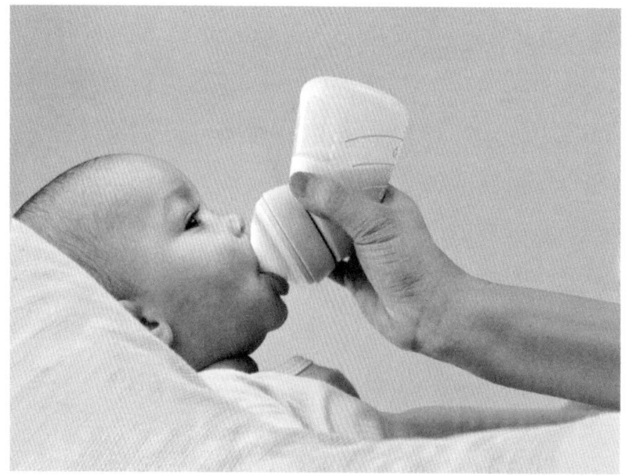

图 3-12 硅胶弯角奶瓶系列 马库斯和马库斯国际有限公司（Marcus & Marcus）

作品名称：薯片躺椅（Chips Lounge Chair）

制造商：TON 公司（TON a.s.）

设计解码：薯片躺椅（图 3-13）的主要特点是其超大靠背简约流畅的线条，让人联想起薯片的形态。靠背由穿孔织物制成，镶嵌在手工制作的木框架中。靠背延伸到地板上，因此也充当了椅腿。宽大的弹力脚踏看起来非常舒适，符合人机工程学，用户可以将其放在最合适的空间里，增加了使用舒适度。

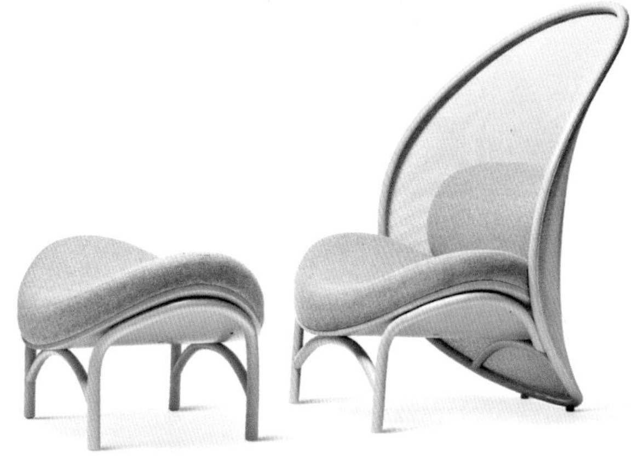

图 3-13 薯片躺椅（Chips Lounge Chair） TON 公司（TON a.s.）捷克

第二节　复古风

复古风是一种通过重新诠释和再现过去时代的设计元素和风格，以呈现出一种怀旧情怀和时代感的设计。

作品名称：全自动厨师机

品牌：凯膳怡（KitchenAid）

设计解码：凯膳怡（KitchenAid）的K系列厨师机诞生近百年以来，外形几乎没有太大的变化，成为美国工业设计的经典作品，也成为最具代表性的厨房工具之一。K系列诞生之前，厨师机外观以机械形态为主，体现出极强的工具性。美国设计师埃格蒙特·阿伦斯的设计，为厨师机赋予了装饰性功能。圆润的造型在观感上取代了厚重的体块感，流畅的线条从主机身延伸至底座，使不同部件融为一体，整体呈现复古式的流线型风格（图3-14）。在K系列融入色彩装饰元素后，红色与银边的搭配便成了凯膳怡品牌的典型符号元素。除了经典红色，K系列还有杏仁白、冰蓝、星光银、蜜橘色等多种色彩，为厨房增添了更多的装饰性。

图3-14　全自动厨师机　凯膳怡（KitchenAid）　美国

作品名称：米兰时装周 2020 春夏系列太阳镜

品牌：古驰（Gucci）

设计解码：眼镜链的历史起源可追溯到 19 世纪宫廷贵族的服饰穿搭，当时盛行长柄眼镜（Lorgnette），需要经常手持到眼前才能看清事物。眼镜链由此应运而生，发挥出方便、解放双手的作用。链条眼镜如今却演变成新一轮的时尚风潮，成了当下炙手可热的时髦单品。古驰（Gucci）2020 春夏系列太阳镜将粗大的眼镜框与夸张的亚克力链条相结合，使造型兼具复古与摩登的质感（图 3-15）。

图 3-15　米兰时装周 2020 春夏系列太阳镜　古驰（Gucci）　意大利

作品名称：毒奏蓝牙音箱

品牌：洛斐

设计解码：洛斐毒奏蓝牙音箱（图 3-16）作为一款现代的科技数码产品，外观上却有着老式收音机的感觉。音箱正面的格栅面板给人一种复古收音机的视觉感，它本身也具备收音机功能。音箱顶部配备了复古的调频收音旋钮和一个来源胆机的模式指示灯，这两者也使得它更具复古特性。在配色上，设计师大胆地采用了富有现代感的配色和喷涂工艺，让音箱外观具有复古和时尚交融之感。

图 3-16　毒奏蓝牙音箱　洛斐

作品名称：巡洋舰（Cruiser）便携式黑胶唱片机

品牌：克罗斯利（Crosley）

设计解码：巡洋舰便携式黑胶唱片机（图 3-17）的外形灵感来源于 20 世纪商人、学者普遍使用的手提旅行箱。唱片机的外箱采用了经典的纺织布纹，内里是木质的机身，整体采用了黑棕的复古配色。金属包角的手提箱式设计，搭配金属亮色锁扣，简约大方，复古优雅。

图 3-17　巡洋舰（Cruiser）便携式黑胶唱片机　克罗斯利（Crosley）　美国

第三节　工业风

工业风是一种通过运用工业时代的装饰元素和材料，以创造出具有实用性、原始性和简约性的设计风格。

作品名称：索默（Sommer）风扇

制造商：PDM 品牌（PDM BRAND）

设计：雅各布·延森（Jacob Jensen）

设计解码：索默风扇（图 3-18）将工业外观与极简主义外观融为一体，散发着精致和优雅，可以作为家居空间的点睛之笔。风扇的提手设计使用户能够随心所欲地移动和摆放风扇。

图 3-18　索默（Sommer）风扇　PDM 品牌（PDM BRAND）　泰国

作品名称：御 3 经典版（Mavic 3 Classi）航拍无人机

品牌：大疆

设计解码：御 3 经典版（Mavic 3 Classi）机身主要呈深灰色，具有工业产品的理性风格（图 3-19）。外壳采用高强度塑料制成，螺旋桨桨翼采用折叠收纳设计。为了便于航拍收纳，产品还设计了一条黑色的固定绑带。与前代的无人机相比，这款产品外观更小巧，轮廓也更多地用到了用于减少风阻的弧线设计。这款无人机在顶部设计有进风口和出风口，在实现高效散热的同时，还能有效减少风阻、延长续航时间。

图 3-19 御 3 经典版（Mavic 3 Classi）航拍无人机 大疆

作品名称：卡帕莫卡（Cuppamoka）便携式咖啡机

制造商：威卡科有限公司

设计解码：卡帕莫卡便携式咖啡机和咖啡杯大小相近，是一款小巧轻便的旅行倾倒式咖啡机，可节省用户包中的空间。产品形态简约带工业风，金属质感高档精致，符合人机工程学设计的外形让用户持握舒适，它是一款耐用、节省空间且功能强大的产品（图 3-20）。

图 3-20　卡帕莫卡（Cuppamoka）便携式咖啡机　威卡科有限公司

作品名称：速度最大值（Speedmax） CF SLX 单车

制造商：峡谷自行车（Canyon Bicycles）

设计：阿尔特法克特工业文化（ARTEFAKT industriekultur）

设计解码：速度最大值（Speedmax） CF SLX 单车给人的印象是效率感和动力感。设计师精心设计的结构细节有助于改进车身空气动力学。车身形态的各个部分完美地相互协调，让整体外观和谐一致。厚重的车轮和平行四边形的框架让这辆自行车看起来像是一把运动型的“工业风武器”，具有视觉冲击力（图 3-21）。

图 3-21　速度最大值（Speedmax）CF SLX 单车　峡谷自行车（Canyon Bicycles）　德国

第四节　国潮风

国潮风是一种将中国传统文化与现代时尚趋势相融合的设计风格，以展现中国设计师的创新能力和时尚表达。

作品名称：莲叶鸳鸯镜

品牌：端木良锦

设计解码：4000 多年前人们就开始使用铜镜，随着合金技术的出现，铜、锡、铅等材料混合铸造后抛光，使铜镜风靡一时，一度成为彰显财富和社会地位的重要物件，同时成为“才子”赠送“佳人”的重要礼物。该莲叶鸳鸯镜源于大英博物馆的唐代嵌螺钿花鸟纹青铜镜，由抽象的莲叶形镜子和镶嵌有鸳鸯图案的镜盖组成。产品通过对镶嵌材料的全新探索，运用多种不同名贵木材混合螺壳海贝多层螺钿进行套嵌，生动地塑造了一对鸳鸯的形态。莲叶造型精雕细作，运用立体曲面雕刻技术，实现 360 度圆雕立体造型，生动地塑造了水波涟漪下的莲叶造型（图 3-22）。

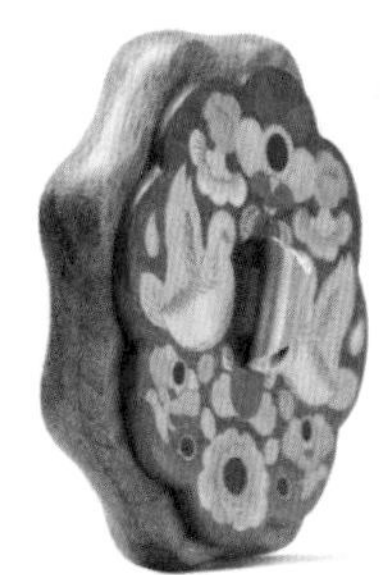

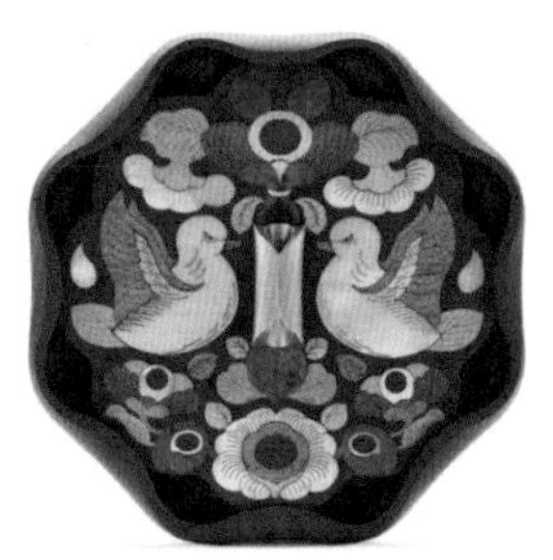

图 3-22　莲叶鸳鸯镜　端木良锦

作品名称：潍坊风筝系列家居用品

设计师 : 黄文达

设计解码：这是一种以山东非物质文化遗产——潍坊风筝为元素设计的系列家居用品（图 3-23）。设计师选择不同的载体，提炼潍坊风筝文化内涵，结合不同的功能与形态，赋予产品优美的图案及丰富的色彩，以现代的角度进行创新设计，让“非遗”走进大众生活。

沐鱼系列手包的设计理念是“鱼跃龙门”，让消费者感受到背包也可以有鱼跃龙门、翱翔天空的内在精神。设计师以简单的线条设计图形，用素雅的色调来展示潍坊风筝独特的风貌。

风筝时尚休闲背包的特色一是简洁的线条，二是具有可拆卸清洗功能。设计师在背包的不同部件上融入潍坊风筝文化，将传统风筝的图形重新设计，使其图形更加吻合背包造型的需要，色彩也变得更加时尚。

折叠锅垫的图案经过了提炼和重组。它在折叠时外部也可以形成一个完整的图案，而被折叠的图案在打开的瞬间就变成了潍坊风筝的肥燕造型，可以立即给用户留下深刻印象。

互动展示灯在使用过程中既能保留风筝的形态、还原放风筝的情景，又能富有情趣地唤起地域文化记忆，还可以体现互动展示灯的魅力。

多功能灯具以拟人的方式进行设计，将潍坊风筝用立体的方式呈现。可爱的风筝小人披上灯罩后更展示了文化特色。

（a）沐鱼系列手包

（b）风筝时尚休闲背包

（c）折叠锅垫

（d）互动展示灯

（e）多功能灯具

图 3-23　潍坊风筝家居用品设计案例

作品名称：大吉大荔杯垫、鼠标垫

制造商：广东省博物馆

设计：戴振鹏、黄丽蓉、郑清顺、容健威、温宛婷

设计解码：如图 3-24 所示，这套作品是用岭南荔枝、粤剧的杨贵妃、财神等代表“大吉大荔”（“大吉大利”的谐声）的元素进行插画创作而衍生的系列杯垫、鼠标垫，将岭南文化与生活用品创新地融合。

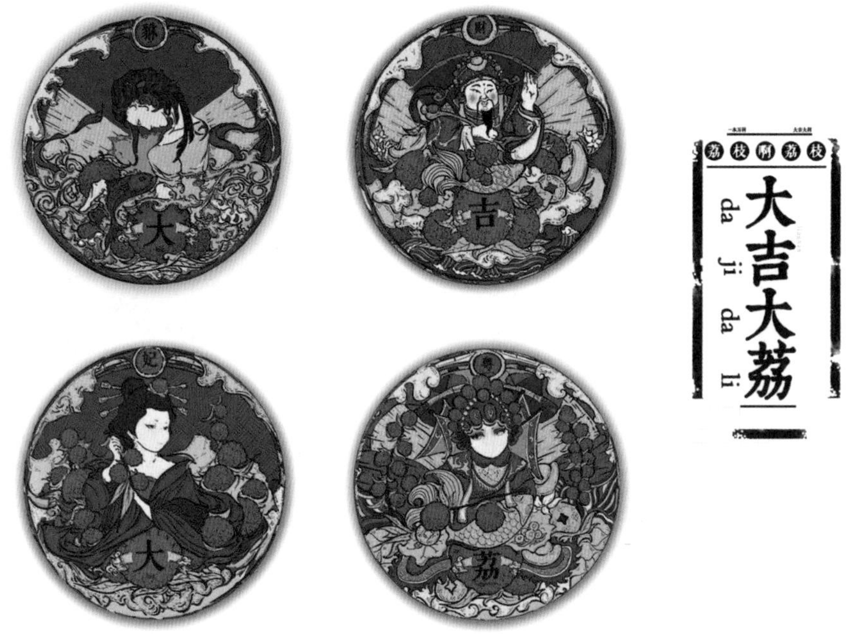

图 3-24　大吉大荔杯垫、鼠标垫　广东省博物馆

作品名称：猫伏蟾金属尺子（教学资源见末尾勒口二维码）

制造商：广东省博物馆

设计：曹清森

设计解码：如图 3-25 所示，这套作品是提炼广东省博物馆藏品《清沈铨耄德洪基图轴》所绘猫捕蟾蜍的场景，围绕年轻人喜爱的网络用语设计的一套金属尺子。

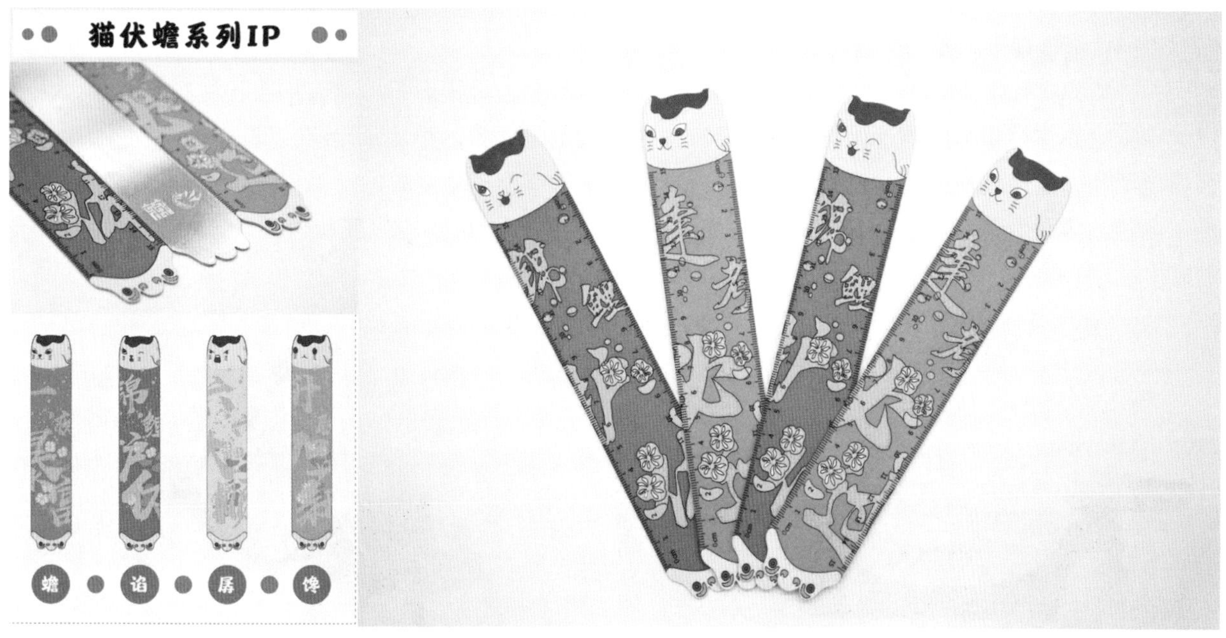

图 3-25　猫伏蟾金属尺子　曹清森　广东省博物馆

作品名称：《西游》系列 2017 鸡年纪念金属书签

制造商：深圳里程文化传播有限公司

设计解码：如图 3-26 所示，这套《西游》系列书签选取了中国名著《西游记》中的 4 个经典形象，造型灵感源于传统皮影戏。作品以镂刻工艺为手段，赋予人物表情、服饰和动作，使书签妙趣横生。

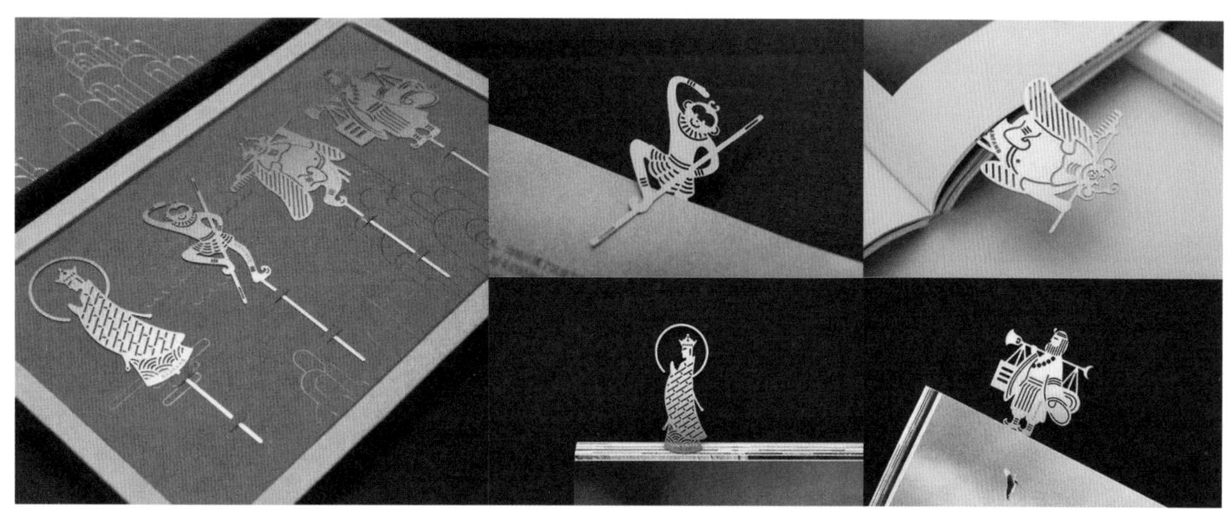

图 3-26　《西游》系列 2017 鸡年纪念金属书签　深圳里程文化传播有限公司

第五节　科技感

科技感是一种通过运用科技元素和现代科技材料，以创造出现代、未来感和高科技氛围的设计风格。

作品名称：科达（Koda）机器狗

品牌：德鲁动力科技有限公司

设计：维普索创新设计咨询公司等

设计解码：科达（Koda）机器狗（图 3-27）是一台移动监控摄影机，具有拍照和视频记录功能，可以为视觉障碍者提供导航辅助。产品参考了狗的形态和肌肉线条，整体采用流线型设计，造型圆润，表面质感柔和，体现出友好的人机关系，能更好地融入家居环境。隐藏式的开关按钮置于机器狗的背部，易于触控。定位和环境扫描系统与手电筒集成在机器狗头部。头部的金属包边设计，使产品更具科技动感。

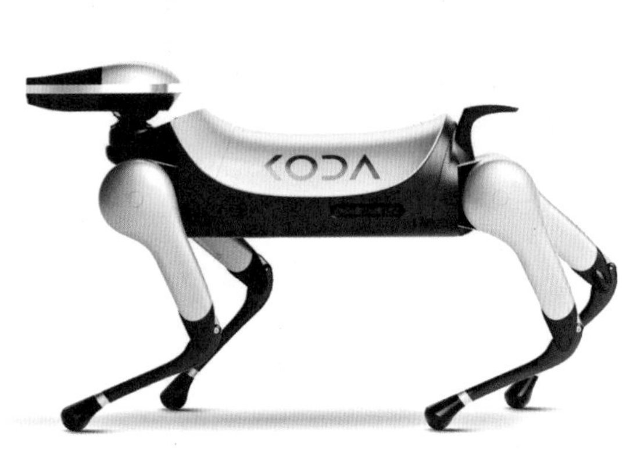

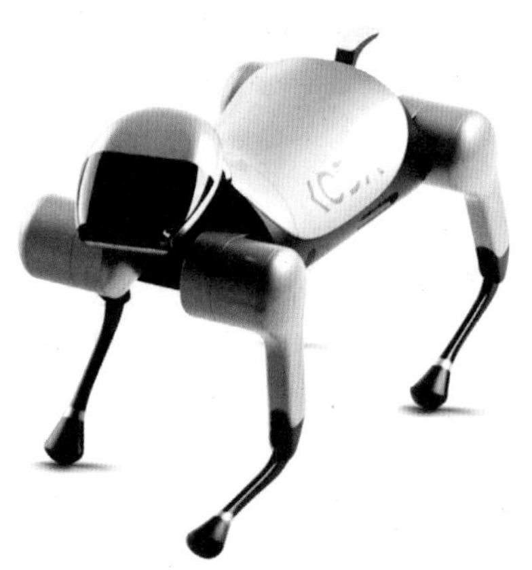

图 3-27　科达（Koda）机器狗　德鲁动力科技有限公司

作品名称：ENO.146 低风阻新纪录概念车

品牌：广州汽车集团股份有限公司

设计解码：ENO.146 概念车（图 3-28）经过超 200 次的先进空气动力学电脑仿真测试，通过世界一流的工程开发方法和设计手段，达到 C_d 0.146 的极致风阻系数。ENO.146 不只是一辆先进的工程样车，还是一件先锋的设计艺术作品。设计师摒弃了熟悉的流线造型，从现代建筑和数码艺术中汲取灵感，创造了“矢量动能”造型语言。ENO.146 的内饰灵感针对中国“三代同堂，两孩家庭”的典型场景，打破了传统的座椅模式，创造了“2+1+2+1”的六座创新布局。

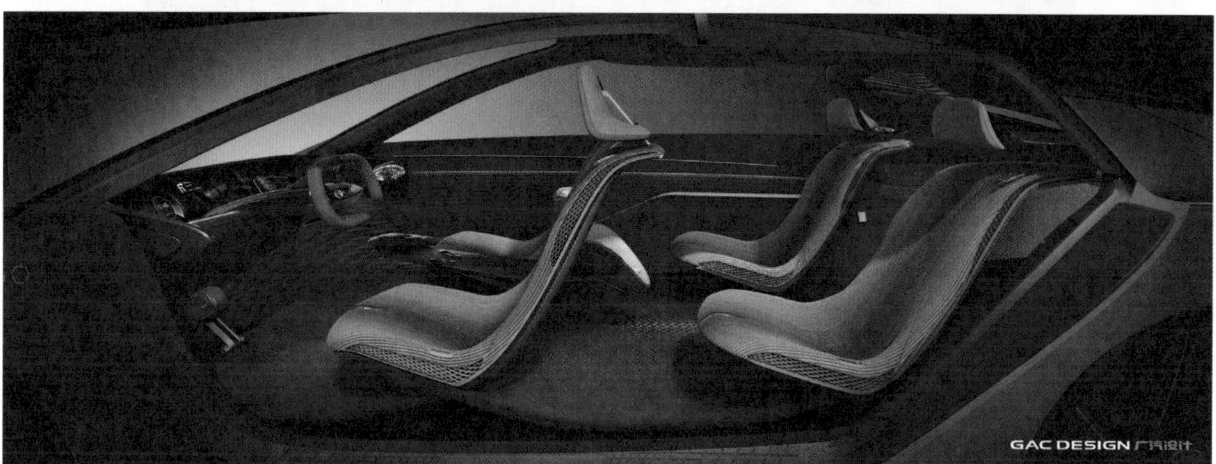

图 3-28　ENO.146 低风阻新纪录概念车　图片来源：广州汽车集团股份有限公司

作品名称：Find X2 英雄联盟 S10 限量版手机包装

品牌：欧珀（OPPO）

设计：广东欧珀移动通信有限公司

设计解码：自发布以来，在线游戏英雄联盟（LoL）成为世界上最受欢迎的游戏之一，并继续拥有大量玩家。如图 3-29 所示，这款欧珀（OPPO）手机的特别版包装借鉴了英雄联盟生动的用户界面和图形，融入游戏中的科幻元素。包装的灵感来自游戏的“海克斯科技”（Hextech Chest）。拆箱对用户来说是一种身临其境的体验，当外盒被移除时，手机实际上会从内部黑匣子中弹出，呈现的状态就像是一把缓缓升起的锋利宝剑直插在地面，非常别致。

图 3-29　Find X2 英雄联盟 S10 限量版手机包装　欧珀（OPPO）

第六节 仿生

仿生是一种从自然界中获取灵感和解决方案的创新方法，它是指通过学习生物的形态、结构、功能和生态系统的原理，并将其应用于设计和工程领域。

作品名称：女歌唱家（Diva）浇水壶

品牌：阿莱西（Alessi）

设计解码：意大利家居品牌阿莱西（Alessi）的设计总是充满浓重的后现代主义气息，精细、优雅与趣味融入了每件产品，正如女歌唱家浇水壶（图 3-30）。这款浇花用的水壶就像其名称，形似一位女歌唱家正放声高歌，优雅和活力动感的气质十分契合。设计师巧妙地用一条优美的曲线，勾勒出了“歌唱家”的形象，并将注水口、出水口和把手合理地整合到形态中，使这款产品既是实用的园艺工具，也是家庭的一件富有趣味性的装饰物品。耐热树脂材料塑造了浇水壶的奇妙形态，也提供了细腻舒适的手感。

图 3-30　女歌唱家（Diva）浇水壶　阿莱西（Alessi）　意大利

作品名称：勒夫（Löv）空气净化器

制造商：科玛公司（KOMMA Inc.）

设计解码：勒夫空气净化器（图 3-31）的灵感来自树叶和树枝，让人联想到净化地球的森林。它提供的四种结构重组方式使其能与各种空间相协调。该产品的重量仅为 3.5 千克，非常容易携带和移动。因此用户无须在每个房间都配备不同的空气净化器。它的厚度仅 8 厘米，可以作为装饰品安装在墙壁上。

图 3-31　勒夫（Löv）空气净化器　科玛公司（KOMMA Inc.）　韩国

作品名称：林纳特（Linnut）照明装置

制造商：梅兹思公司（Magis S.p.A）

设计：奥瓦·托伊卡（Oiva Toikka）

设计解码：林纳特（Linnut）在芬兰语中意为“鸟”，设计师提取鸟的形态制作了一套仿生灯具（图3-32）。灯具是由滚塑聚碳酸酯制成的，这种材料产生的效果与具有丰富纹理的吹制玻璃表面非常相似。这是一套有趣且富有诗意的产品。

图 3-32　林纳特（Linnut）照明装置　梅兹思公司（Magis S.p.A）　意大利

作品名称：55 度（55°）咕咕杯

设计：洛可可创新设计集团

设计解码：洛可可与 55 度联手打造更加年轻化的随身携带水杯，希望通过可爱有趣的造型，丰富的配色，提供更加丰富多样的杯子设计。产品的设计灵感来自可爱的绣眼鸟，杯盖圆形提环孔象征着眼睛的位置。产品从人机工程学的角度出发，设计人性化的切口提环，贴合手心的杯身弧度，给用户更好的使用体验（图 3-33）。

图3-33　55度（55°）咕咕杯　洛可可创新设计集团

作品名称：口袋充气颈枕（旅行枕头）

制造商：深圳都市之森创意生活用品有限公司

设计解码：如图3-34所示，这款口袋充气颈枕的外观设计简洁大方，上面的条纹取自树的形状，是一个抽象的仿生设计。当多个产品同时陈列时，在视觉上可以形成一个独特的小树林风景线。外包装由硅胶制成，整体大小犹如手掌，非常方便携带。包装内是长条状的颈枕，采用聚酯纤维制成。产品打开后，外包装变身为充气泵，可以在20秒内为颈枕充满气体，极大地提升产品的实用性。这种创新设计旨在鼓励消费者能够合理利用充气颈枕的外包装，不要随意丢弃。

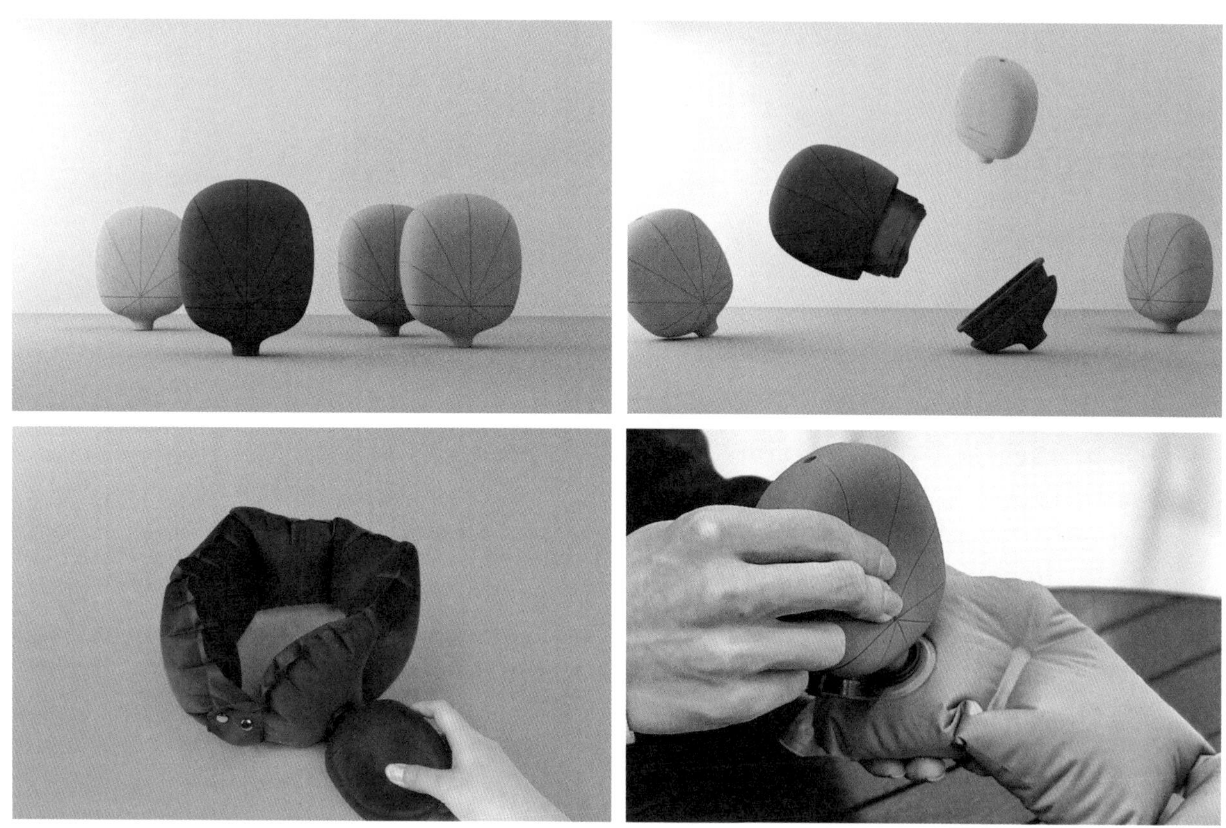

图 3-34　口袋充气颈枕　深圳都市之森创意生活用品有限公司

作品名称：鹅卵石地漏

制造商：箭牌家居集团股份有限公司

设计：箭牌卫浴

设计解码：如图3-35所示，这款地漏采用仿生设计，灵感来自天然鹅卵石。排水口的圆形光滑表面可防止污垢黏附在其上，防止堵塞，并且易于清洁。排水盖的表面和内框的边缘都是弯曲的，引导水沿着凸面向下，加快了排水流速，同时增加了排水流量。产品表面经过抗菌涂层处理，以防止细菌滋生，给用户带来更安全、更舒适的浴室体验。地漏的鹅卵石造型有别于以往地漏带给用户的机械的感受，使人眼前一亮。

图 3-35　鹅卵石地漏　箭牌家居集团股份有限公司

参考书目

[1] 毛斌、王鹤、张金诚编著《产品形态设计》，电子工业出版社，2020 年。

[2] 戴端主编《产品形态设计语义与传达》，高等教育出版社，2010 年。

[3] 高雨辰主编《产品形态设计》，中国海洋大学出版社，2017 年。

[4] 姚江编著《产品形态设计》，东南大学出版社，2014 年。

[5] 翁春萌、艾险峰主编《产品形态设计（第 2 版）》，北京大学出版社，2021 年。

[6] 桂元龙、杨淳编著《产品设计（第二版）》，中国轻工业出版社，2020 年。

[7] 陈炬、张崟、梁跃荣编《产品形态语意设计——让产品说话》，化学工业出版社，2014 年。

[8] 杜鹤民：《产品形态语意设计》，北京大学出版社，2020 年。

[9] 桂元龙、况雯雯、杨淳编著《产品项目设计》，安徽美术出版社，2017 年。